पर्यावरण प्रदूषण
सिद्धांत एवं व्यवहार

Other Related Books

Title	Author
A Handbook Of Environment Impact Assessment	V.S. Kulkarni
An Introduction To Environmental Biotechnology	A. Bharani
Applied Microbiology (Agriculture, Environmental, Food And Industrial Microbiology)	S.M. Reddy
Changing Faunal Ecology In The Thar Desert	B.K. Tyagi
Climate Change And Environment	J. Sundaresan
Disaster Management: A Disaster Manager's Handbook	W.Nick Carter
Eco-Degradation Due To Air Pollution	Arun Arya
Environment And Adaptive Biology Of Plants	D.D. Chawan
Environment And Development	I.S. Grover
Environment And Self-Endangered Man	J.V. Amin
Environment At Crossroads Challenges And Green Solutions	Arun Arya
Environmental Pollution And Environmental Management	P. Dwivedi
Environmental Protection	A.K. Thukral
Genopsych: A Coinage In The Foundry Of Biology	Dmr Sekhar
Godavan (Hindi)	Rakesh Vyas
Pollution Risks, Impacts & Management Social, Economic And Environmental Perspectives	Golam Kibria
Prayavaran Avabodh (Hindi)	D.D. Ojha
Prayavaran Prabhandhan (Hindi)	D.D. Ojha
Questions And Answers In Environmental Science Practical	R.K. Kamble
Rainwater Management Theory And Practice	M.L. Jat
Space Technology And Gis For Disaster Monitoring And Mitigation	T.S. Chouhan
Text Book Of Disaster Management	Ajay Kumar Srivastava
Urban Solid Waste Management In India	U.S. Sree Ramulu
Vayu Pradushan (Hindi)	D.D. Ojha

For more details visit website

पर्यावरण प्रदूषण सिद्धांत एवं व्यवहार

डॉ. अमिताव रक्षित
डॉ. हनुमान प्रसाद परेवा
डॉ. विनोद कुमार त्रिपाठी
डॉ. प्रदीप कुमार मिश्र

साईन्टिफिक पब्लिशर्स

प्रकाशक

साइन्टिफिक पब्लिशर्स (इंडिया)

5–ए, न्यू पाली रोड

पोस्ट बॉक्स नं. 91

जोधापुर - 342 001 भारत

ISBN: 978-93-91418-76-2 (H/B)

ISBN: 978-93-91418-09-0 (E/B)

Printed in India

प्रस्तावना
(Preface)

सभी जीव अपनी वृद्धि, विकास तथा अपने जीवन चक्र को सुचारु रुप से चलाने के लिए संतुलित पर्यावरण पर निर्भर हैं। संतुलित पर्यावरण से तात्पर्य एक ऐसे पर्यावरण से है, जिसमें प्रत्येक घटक एक निश्चित मात्रा एवं अनुपात में उपस्थित होता है। परंतु कभी-कभी मानवीय या अन्य कारणों से पर्यावरण में एक अथवा अनेक घटकों की मात्रा या तो आवश्यकता से बहुत अधिक बढ़ जाती है, जिससे पर्यावरण में हानिकारक घटकों का प्रवेश हो जाता है। इस स्थिति में पर्यावरण दूषित हो जाता है तथा यह जीव समुदाय के लिए किसी न किसी रूप में हानिकारक सिद्ध होता है। पर्यावरण में इस अनचाहे परिवर्तन को रोकने की दिशा में इस पुस्तक के माध्यम से एक सराहनीय प्रयास किया गया है। पर्यावरणीय घटकों के आधार पर पर्यावरणीय प्रदूषण को वायु, जल, ध्वनि एवं मृदा प्रदूषण आदि भागों में बाँटा जाता है। इस पुस्तक के प्रथम अध्याय में पर्यावरण के बारे में बताया गया है। द्वितीय अध्याय में सभी प्रकार के प्रदूषणों के कारणों, उनके प्रकार को समझाया गया है। वर्तमान में वायु प्रदूषण एक गंभीर समस्या है, इसको ध्यान में रखकर तृतीय अध्याय में वायु प्रदूषण पर प्रकाश डाला गया है। वायु प्रदूषकों का वायुमण्डल पर प्रभाव को जलवायु परिवर्तन से भी संदर्भित किया गया है। चतुर्थ अध्याय में जल प्रदूषण के विभिन्न आयामों का वर्णन किया गया है। आजकल जल संसाधनों की वैश्विक कमी के कारण जल गुणवत्ता की रक्षा करना अत्यंत आवश्यक कदम हो गया है। मृदा प्रदूषण के प्राकृतिक कारणों और मानव निर्मित कारणों में वर्गीकृत करके अन्य प्रदूषणों द्वारा मृदा पर पड़ने वाले प्रभाव एवं रोकथाम की विस्तृत चर्चा पंचम अध्याय में की गयी है। छठे एवं सातवें अध्याय में क्रमशः ध्वनि प्रदूषण एवं तापीय प्रदूषण के बारे में बताया गया है। आठवें अध्याय में रेडियोधर्मी प्रदूषण के बारें में प्रकाश डाला गया है। इस अध्याय में रेडियोधर्मी प्रदूषण के कारण हुई प्रमुख प्रकरणों/घटनाओं का भी वर्णन किया गया है जिससे जन-धन की हुई अपार क्षति का एहसास होता है। यह घटनाएँ पर्यावरण के प्रति रखने योग्य सावधानियों का सन्देश देती हैं। नवें अध्याय में पर्यावरण नियंत्रण में सहयोग करने वाले कुछ स्टार्टअप के बारे में बताया गया है। पर्यावरणीय प्रदूषण के उपायों में धारणीय विकास की भावना को अत्यधिक रूप से समाहित करने का प्रयास किया गया है। यह पुस्तक स्नातक, स्नातकोत्तर तथा पी.एचडी. के छात्रों, अध्यापकों, कृषि से जुड़े लोगों के साथ-साथ पर्यावरणविदों के लिए उनके विभिन्न विषयो में एक मूल्यवान, उपयोगी, सार्थक एवं संदर्भ पुस्तक के रूप में सहायक साबित होगी। इस पुस्तक के लेखन के लिए प्रोत्साहित करने वाले लोगों के प्रति हम ह्रदय से आभार व्यक्त करते हैं जिसमें माननीय डॉ. पंजाब सिंह, पूर्व महानिदेशक, भारतीय कृषि अनुसन्धान परिषद् तथा पूर्व कुलपति काशी हिन्दू विश्वविद्यालय द्वारा प्राप्त सहयोग तथा प्रोत्साहन लेखकों के मन मस्तिष्क में एक अमिट छाप छोड़ता है। पुस्तक लेखन के समय भारत तथा अन्य देशों में रहने वाले शिक्षकों और वैज्ञानिकों के विचारों तथा सुझावों का समायोजन किया गया है। साथ ही लेखक इस पुस्तक में उपलब्ध तथ्यों के सुधार के लिए पाठकों के सुझावों का स्वागत करते हैं।

लेखक

लेखक परिचय

(About the Author)

डॉ. अमिताव रक्षित काशी हिन्दू विश्वविद्यालय, वाराणसी के कृषि विज्ञान संस्थान में मृदा विज्ञान और कृषि रसायन विभाग में संकाय सदस्य हैं। लेखक ने आईआईटी, खड़गपुर से पीएच. डी. की उपाधि प्राप्त की है। डॉ. रक्षित पहले कृषि विभाग, पश्चिम बंगाल सरकार के अनुसंधान विस्तार और कार्यान्वयन में काम कर चुके हैं। आप आईसीएआर के 'भागीदारी अनुसंधान' और 'लैब टू लैंड' कार्यक्रमों में शामिल रह चुके है। आप पाँच अनुसंधान परियोजनाओं के प्रभारी के रूप मे देखरेख कर चुके है एवं वर्तमान में इंटरनेशनल जर्नल ऑफ एग्रीकल्चर एन्वायरमेंट एंड बायोटेक्नोलॉजी (NAAS 4.69) के मुख्य संपादक हैं। आप को साल 2008-09 के लिए बायोवेसन, लियोन, फ्रांस द्वारा बायोवेसन नेक्सट फेलो से सम्मानित किया गया था। आप 2011-12 से ब्रिटिश इकोलॉजिकल सोसायटी, लंदन के समीक्षा महाविद्यालय सदस्य के रूप में सेवारत हैं। इन्हें बीएचयू, वाराणसी द्वारा 2012 और 2014 में स्नातक और परास्नातक स्तर पर सर्वश्रेष्ठ शिक्षक पुरस्कार से सम्मानित किया गया। आप एफएओ, रोम और खाद्य सुरक्षा आयोग के पारिस्थितिक तंत्र प्रबंधन के ग्लोबल फोरम के सदस्य हैं। आप ने बारह पुस्तके लिखी है जो विभिन्न प्रकाशको क्रमशः स्प्रिंगर, सीआरसी, सीबीएस, एटीएनआर, आईसीएफएआई, कल्याणी, जैन पब्लिशर्स, आईबीडीसी और डीपीएस के द्वारा प्रकाशित हुई है जिन्हें राष्ट्रीय एवं अन्तर्राष्ट्रीय स्तर पर प्रसिद्धी मिली है। आप अपने शोध कार्यो को प्रस्तुत करने के संबंध में कई देशो - नार्वे, फिनलैंड, डेनमार्क, फ्रांस, ऑस्ट्रिया रूस, थाईलैंड, मिस्र, तुर्की का दौरा कर चुके हैं। इनके अनुसंधान क्षेत्रों में पोषक तत्व उपयोग दक्षता, सिमुलेशन मॉडलिंग, जैविक खेती, एकीकृत पोषक प्रबंधन और बायोरेमेडिएशन शामिल हैं।

डॉ. हनुमान प्रसाद परेवा ने मृदा विज्ञान एवं कृषि रसायन विभाग, कृषि विज्ञान संस्थान, काशी हिन्दू विश्वविद्यालय, वाराणसी से कृषि स्नातकोत्तर एवं पीएच. डी. की उपाधि प्राप्त की है। ये पिछले 8 वर्षो से कृषि विश्वविद्यालय, जोधपुर (राजस्थान) में सहायक प्राध्यापक के पद पर शिक्षण एवं अनुसंधान का कार्य कर रहे है। डॉ. परेवा पूर्व में रबर बोर्ड (वाणिज्य एवं उद्योग मंत्रालय, भारत सरकार) में क्षेत्र अधिकारी एवं केन्द्रीय कृषि विश्वविद्यालय, इम्फाल, मणिपुर में छात्र कल्याण अधिकारी के रूप में भी काम कर चुके हैं। इन्होनें कई सम्मेलनों एवं गोष्ठियों में भाग लेकर मृदा विज्ञान के विभिन्न विषयों पर शोध पत्र पढ़े है। कृषि महाविद्यालय में इनके शिक्षण एवं छात्र कल्याण में किए गए उत्कृष्ट कार्य एवं मृदा विज्ञान प्रयोगशाला के विकास करने

हेतु कुलपति, कृषि विश्वविद्यालय, जोधपुर द्वारा आप को कई बार सम्मानित किया गया है। इनकी पूर्व में लिखित पुस्तक ''मृदा विज्ञान के मूलभूत सिद्धांत'' एवं सह-लेखक के रूप में लिखित पुस्तक ''मेनुअल ऑन फण्डामेंटल्स ऑफ एग्रोनामी'' को राष्ट्रीय स्तर पर प्रसिद्धी मिली है। डॉ. परेवा, आकाशवाणी, नागौर एवं माउण्ट आबू तथा अन्नदाता, टेलीविजन पर कृषि आधारित कार्यक्रमों मे वार्तालाप कर चुके हैं।

डॉ. विनोद कुमार त्रिपाठी काशी हिन्दू विश्वविद्यालय, वाराणसी के फार्म इंजीनियरिंग विभाग में सहायक प्रोफेसर के रूप में कार्यरत हैं। उन्होंने आईसीएआर-इंडियन इंस्टीटयूट ऑफ वॉटर मैनेजमेंट, भुवनेश्वर और झारखंड केंद्रीय विश्वविद्यालय रांची के जल अभियांत्रिकी तथा प्रबंधन विभाग में शिक्षण और अनुसंधान का कार्य किया है। उनकी रुचि का क्षेत्र भू-सूचना विज्ञान, सूक्ष्म सिंचाई में हाइड्रोलिक्स और जल उत्पादकता के लिए उपयुक्त जल प्रबंधन प्रौद्योगिकियों का विकास है। डॉ त्रिपाठी ने भारतीय कृषि अनुसंधान संस्थान, नई दिल्ली से पीएच.डी. की उपाधि प्राप्त की है।

डॉ. प्रदीप कुमार मिश्र काशी हिन्दू विश्वविद्यालय, वाराणसी के रासायनिक अभियांत्रिकी विभाग, भारतीय प्रौद्योगिकी संस्थान में वरिष्ठ आचार्य के रूप में कार्यरत हैं। आप 1986 बैच के रुड़की विश्वविद्यालय के रासायनिक अभियांत्रिकी के स्नातक हैं। आपने 1988 में आई आई टी बॉम्बे से परास्नातक और 1995 में आई टी बी. एच. यू. से चक्रवर्ती उपाधि अर्जित की। 1988 से 1990 तक प्रो. मिश्र ने उद्योग जगत को अपनी सेवाए दी। जनवरी 1997 में आपका काशी हिन्दू विश्वविद्यालय में प्रवक्ता पद पर चयन हुआ। आप 2004 मे प्रवाचक और 2010 में आचार्य पद पर स्थापित हुये। 2016 में आपको एच. ऐ. जी. स्केल मिला जो केवल 10 प्रतिशत आचार्यों को मिलता है। आप मार्च, 2016 से दिसंबर, 2019 तक रासायनिक अभियांत्रिकी के विभागाध्यक्ष रहे।

विषय सूची
(Contents)

अध्याय **1**

पर्यावरणः एक परिचय
(Environment: An Introduction)

अंग्रेजी भाषा में पर्यावरण के लिए ''एनवायरमेन्ट'' शब्द का प्रयोग किया जाता है जो फ्रेन्च भाषा के Environer से बना है। 'एनवायरन' का अर्थ है चारों ओर। इस प्रकार ''एनवायरमेन्ट'' का शाब्दिक अर्थ है चारों ओर से घेरना। अतः पर्यावरण से सामान्य अभिप्राय सम्पूर्ण परिवेश को चहुँ ओर से घेरना है। किसी स्थान विशेष में मनुष्य के आस-पास भौतिक वस्तुओं (जल, अग्नि, वायु) का आवरण, जिसके द्वारा मानव घिरा होता है, पर्यावरण कहलाता है।

पर्यावरणशास्त्री तासले के अनुसार उन सभी प्रभावकारी दशाओं का सम्पूर्ण योग जिसमें जीव रहते हैं, ''पर्यावरण'' कहलाता हैं।

पर्यावरण के प्रकारः पर्यावरण को प्राकृतिक एवं मानव निर्मित पर्यावरण में विभाजित किया जा सकता है-

1. **प्राकृतिक पर्यावरणः** प्राकृतिक पर्यावरण का अभिप्राय प्राकृतिक परिवेशों से है अर्थात् भूमि, जल, वायु, पादप और जीव-जंतु मिलकर प्राकृतिक पर्यावरण का निर्माण करते हैं। इसके अंतर्गत स्थलमंडल, वायुमंडल, जलमंडल, जैवमंडल को समाहित किया जाता है।
2. **मानव निर्मित पर्यावरणः** मनुष्य ने प्राकृतिक पर्यावरण में रहते हुए अपनी आवश्यकताओं और सुविधाओं को ध्यान में रखकर कुछ निर्माण एवं परिवर्तन किये हैं। इस प्रकार मानव द्वारा निर्मित परिदृश्य मानव निर्मित पर्यावरण कहलाता है। फसल उत्पादन, वाणिज्यिक-व्यापारिक संकुल, औद्योगिक संकुल एवं परिवहन संकुल आदि को इसके अंतर्गत शामिल किया जा सकता है।

वैश्विक पर्यावरण प्रदर्शन सूचकांक, 2020

रैंक	देश	रैंक	देश
1	डेनमार्क	107	भूटान
2	लक्जमबर्ग	109	श्रीलंका
24	अमेरिका	127	मालदीव
120	चीन	142	पाकिस्तान
180	लाइबेरिया	145	नेपाल
162	बांग्लादेश	168	भारत

पर्यावरण का स्वरूप

पर्यावरण एक बहुआयामी प्रक्रिया का नाम है, जो परस्पर अनेक तत्वों के सम्मिश्रण से विकसित होता है। पर्यावरण के स्वरूप को अत्यन्त सहज एवं सरल रूप में निम्न चित्र 1.1 द्वारा अभिव्यक्त किया जा सकता है-

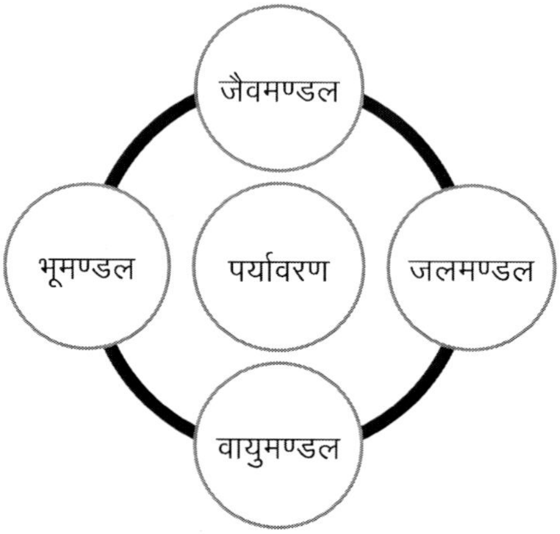

चित्र 1.1: पर्यावरण का स्वरूप

पर्यावरण के निर्धारक तत्व

पर्यावरण प्रकृति, जीव जगत् का आधार है। दूसरे शब्दों में पर्यावरण जीवों की अनुक्रिया को प्रभावित करने वाली समस्त भौतिक तथा जैवीय परिस्थितियों का सामंजस्य है। पर्यावरण के निर्धारक तत्वों को प्रमुख दो भागों में विभक्त किया जा सकता है (चित्र 1.2)-

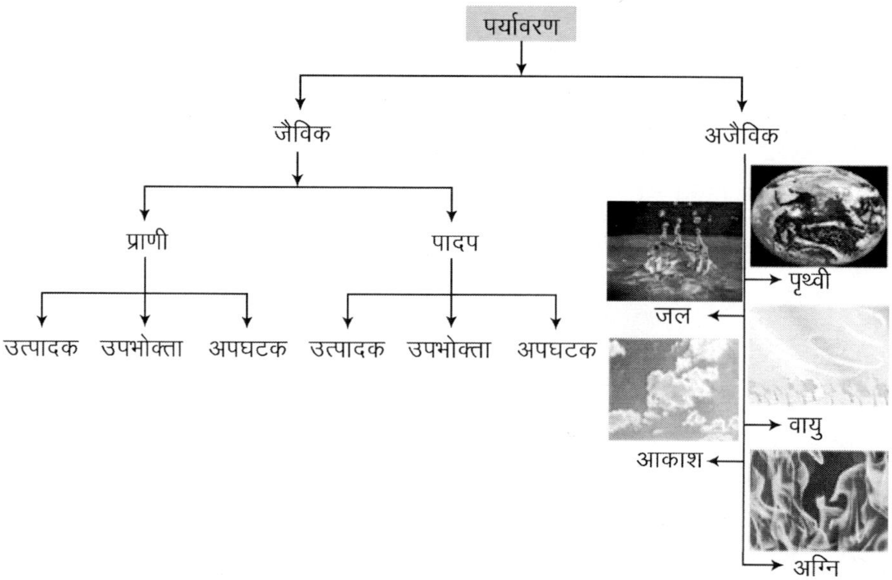

चित्र 1.2: पर्यावरण के निर्धारक तत्व

पर्यावरण के समस्त घटक किसी न किसी रूप में परस्पर संबंधित रहते हैं। मनुष्य एवं अन्य जीवधारी प्रत्यक्ष या परोक्ष रूप से भोजन के लिए पौधों पर निर्भर रहते हैं, पौधों को भोजन निर्माण के लिए सूर्य का प्रकाश, पानी, कार्बन डाइऑक्साइड आदि की आवश्यकता होती है। इस प्रकार पर्यावरण के सभी घटकों में प्राकृतिक संतुलन बना रहता है। परन्तु कई प्राकृतिक एवं मानव निर्मित कारणों के साथ-साथ आधुनिक जीवन शैली से पर्यावरण का संतुलन बिगड़ रहा है जिसके कारण हमारा पर्यावरण प्रदूषित हो रहा है।

प्राकृतिक पर्यावरण के संसाधनः कोई भी भौतिक वस्तु या पदार्थ जब मानव के लिये उपयोगी या मूल्यवान होती है तो उसे संसाधन कहते है। संसाधनों के विभिन्न प्रकार को नीचे चित्र 1.3 में दर्शाया गया है।

1. **प्राकृतिक संसाधनः** ऐसे संसाधन जो प्रकृति से प्राप्त होते हैं एवं जिनके निर्माण में मनुष्य की भूमिका नगण्य होती है, प्राकृतिक संसाधन कहलाते है। जैसे- वन, जल, हवा, धात्विक खनिज, अचक्रिय-जीवाश्म ईंधन (कोयला पेट्रोल) आदि।
    - **नवीकरणीय संसाधनः** ऐसे संसाधन जिनको उपयोग के बाद पुनः उत्पादित किया जा सकता है या ये वे संसाधन है जिनका लगातार प्रकृति में नवीनीकरण होता रहता है। जैसे- वायु, जल, मिट्टी, वन, खनिज, खाद्य, अपारम्परिक स्रोत, जीव-जन्तु इत्यादि।
    - **अनवीकरणीय संसाधनः** ऐसे संसाधन जिनका उपयोग के बाद पुनः पूर्ति करना संम्भव न हो या वे संसाधन जिनका नवीनीकरण एक बहुत लम्बे काल चक्र में होता है। जैसे- धात्विक खनिज, कोयला, पेट्रोल।
2. **मानव संसाधनः** किसी भी देश की जनसंख्या उस देश के संसाधनों के निर्माता और उपभोक्ता दोनों ही होती है।
3. **मानव निर्मित संसाधनः** मानव द्वारा निर्मित संसाधनों को मानव निर्मित संसाधन कहते है। मशीनें, भवन, सड़क, रेलमार्ग, कारखाने, समाजिक एवं राजनैतिक संस्थाएं आदि।

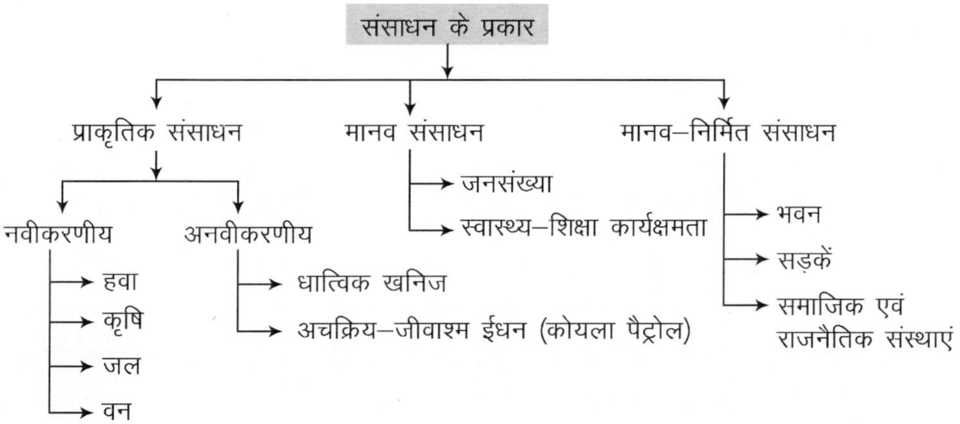

चित्र 1.3: संसाधन के प्रकार

पर्यावरण पर प्रभाव डालने वाले कारक

1. **आधुनिक जीवन शैलीः** आधुनिक समाज की जीवन शैली में लगातार विकास एवं परिवर्तन हो रहा है। मानव अपनी आवश्यकताओं के अनुसार पर्यावरण में हस्तक्षेप कर रहा है। अपनी आवश्यकताओं की पूर्ति के लिए मनुष्य विभिन्न प्रकार की सामग्रियों का प्रयोग कर रहा है जो किसी न किसी रूप में पर्यावरण को प्रभावित कर रही है।

    - **ईंधन एवं बिजलीः** बिजली का उपयोग टी.वी., फ्रिज, एयर कंडीशनर एवं अन्य कई बिजली से चलने वाली मशीनों एवं उपकरणों में किया जाता है। कोयला, तेल तथा प्राकृतिक गैस प्रमुख ईंधन है जिनका उपयोग मानव द्वारा अधिकता से किया जा रहा है। हमें याद रखना चाहिए कि इन प्राकृतिक ईंधन स्रोतों को बनने में करोड़ों वर्षों का समय लगता है जबकि हम इन्हें थोड़े समय में ही नष्ट करते चले जा रहे हैं।
    - **सुविधा सामग्रीः** जीवन शैली को अधिक से अधिक सुविधाजनक बनाने के लिए प्लास्टिक, डिटरजेंट, पेंट, प्रशीतक आदि सामग्री का प्रयोग किया जा रहा है।
    - **प्लास्टिकः** वर्तमान में प्लास्टिक का उपयोग घरेलू एवं औद्योगिक दोनों क्षेत्रों में किया जा रहा है। दैनिक जीवन में अनेक उपयोगी वस्तुओं जैसे- डिब्बा, बाल्टी, खिलौने, फर्नीचर, सजावट का सामान आदि प्लास्टिक के बनाए जा रहे हैं। प्लास्टिक से बनी वस्तुएँ आसानी से अपघटित (नष्ट) नहीं होती हैं और पर्यावरण में प्रदूषण फैलाती हैं। प्लास्टिक की थैलियाँ उपयोग के बाद फेंक दी जाती हैं। जानवरों द्वारा इन थैलियों को खा लेने से उनकी मृत्यु हो जाती है।
    - **पेन्टः** पेन्ट बनाने के लिए कई रासायनिक पदार्थों जैसे लेड, सल्फर, नाइट्रोजन आदि का प्रयोग किया जाता है। लेड एक जहरीली धातु है। अतः इस प्रकार के पेन्ट का उपयोग करने वालों के स्वास्थ्य पर दुष्प्रभाव पड़ता हैं। ये पेन्ट जल एवं मृदा में प्रदूषण भी फैलाते हैं। इससे जीवन में संकट पैदा हो रहा है। आजकल खाद्य पदार्थों में भी रासायनिक रंगों का प्रयोग किया जाता है जो मानव स्वास्थ्य के लिए हानिकारक है।
    - **डिटरजेंटः** आजकल विभिन्न प्रकार के डिटरजेंट जैसे पाउडर एवं घोल आदि का प्रयोग किया जाता है। ये डिटरजेंट घरेलू जल के साथ मिलकर तालाबों एवं पेयजल स्रोत नदियों और अंत में समुद्र में पहुँचकर जल प्रदूषण फैलाते हैं। इस प्रदूषित जल का दुष्प्रभाव जलीय पौधों एवं जन्तुओं की वृद्धि पर पड़ रहा है।

- **प्रशीतकः** फ्रिज (रेफ्रिजिरेटर) एवं एयर कंडीशनर जैसे शीत उपकरणों में रासायनिक पदार्थ क्लोरो-फ्लोरो कार्बन का उपयोग ठंडा करने वाले पदार्थ के रूप में किया जाता है। यह गैस वायुमण्डल की ओजोन परत को नष्ट कर देती है, इससे सूर्य से आने वाली पराबैंगनी किरणें वायुमण्डल में प्रवेश कर जाती हैं। पराबैंगनी किरणों का मानव एवं अन्य जीवधारियों पर हानिकारक प्रभाव पड़ता है।

2. **जनसंख्या वृद्धिः** जनसंख्या वृद्धि भी पर्यावरण पर प्रभाव डालने वाला एक प्रमुख कारक है। बढ़ती हुई जनसंख्या के कारण प्राकृतिक संसाधनों का अत्याधिक दोहन हो रहा है तथा औद्योगीकरण का विस्तार किया जा रहा है।
3. **संसाधनों का दोहनः** जनसंख्या वृद्धि के कारण हमारे प्राकृतिक संसाधन जैसे मृदा, जल, जंगल, खनिज आदि का दोहन हो रहा है और इस कारण पर्यावरण प्रभावित हो रहा है।
   - **मिट्टीः** अधिक पैदावार के लिए खेतों में कई रासायनिक खादों और कीटनाशकों का अन्धाधुन्ध प्रयोग किया जाता है। ये रासायनिक पदार्थ मिट्टी एवं जल को प्रदूषित करने के साथ-साथ वायु प्रदूषण भी फैलाते हैं।
   - **जलः** जल प्रमुख प्राकृतिक संसाधन है। यह सभी जीवधारियों का आवश्यक घटक है। जल का उपयोग विभिन्न कार्यों में किया जाता है। जनसंख्या वृद्धि के कारण जल की खपत बढ़ रही है साथ ही कई मानव जनित क्रियाकलापों के कारण जल प्रदूषित हो रहा है।
   - **वनः** वनों से हमें लकड़ी एवं औषधियाँ प्राप्त होती हैं। मानव द्वारा औद्योगिक एवं आवासीय विस्तार के लिए वनों की कटाई की जा रही है। पौधों से हमें शुद्ध वायु मिलती है अतः उनके लगातार कटते रहने से पर्यावरण असंतुलन, बाढ़ इत्यादि का खतरा बढ़ता जा रहा है।
   - **खनिजः** जो वस्तुएँ पृथ्वी के धरातल से खोदकर निकाली जाती है, उन्हें खनिज कहते है जैसे कोयला। इन खनिजों के लगातार दोहन से प्राकृतिक खनिज भण्डार कम होते जा रहे है तथा खनन क्षेत्र से उड़ने वाली धूल और कोयले के क्षेत्र में लगने वाली आग से पर्यावरण प्रदूषित होता है।
4. **औद्योगीकरणः** उत्पादन बढ़ाने के लिए आज नए-नए उद्योग-धंधे लगाए जा रहे है। जैसे कपड़ा, पेपर, चमड़ा आदि के कारखाने। इन कारखानों से निकलने वाला धुआँ एवं विभिन्न विषैली गैसों से वायु प्रदूषित होती है और बचे हुए अपशिष्ट पदार्थ नदियों, समुद्रों में जाकर जल को प्रदूषित करते है।

मानव स्वास्थ्य पर पर्यावरण प्रदूषण का प्रभावः स्वच्छ पर्यावरण मानव जीवन का आधार है तथा मानव स्वास्थ्य के लिए स्वच्छ पर्यावरण आवश्यक है। लेकिन कई कारणों से पर्यावरण प्रदूषित हो रहा है जिसका दुष्प्रभाव मानव स्वास्थ्य पर पड़ रहा है। पर्यावरण प्रदूषण से मनुष्य में कई समस्यायें हो सकती है जैसे –गले में खराश, श्वसन नली में जलन, छाती में जकड़न, साँस लेने में असुविधा, ब्रोंकाइटिस, अस्थमा, फेफड़ों का कैंसर, अतिसार, पेचिस, हैजा, मोतीझरा, पीलिया, चर्मरोग आदि।

पर्यावरण संरक्षण में व्यक्ति, समुदाय एवं शासन की भूमिका

मनुष्य तथा पर्यावरण दोनों परस्पर एक दूसरे से सम्बंधित है। पर्यावरण को बचाने के लिए जागरूकता, सजगता तथा अपने दायित्वों का पूर्ण इमानदारी से हर व्यक्ति, समुदाय एवं सरकार को निर्वाहन करना होगा। पिछले कुछ दशको से सम्पूर्ण विश्व का ध्यान पर्यावरण की समस्याओं की ओर आकर्षित हुआ है। पर्यावरणीय समस्या जैसे जलवायु परिवर्तन, ओजोन छिद्र, अम्ल वर्षा, सूखा, बाढ़, मृदा प्रदूषण पर मनुष्य ने गंभीरता से विचार करना शुरू कर दिया है। पर्यावरण के प्रति वैश्विक स्तर पर राजनीतिक और सामाजिक जागृति लाने हेतु 1972 में संयुक्त राष्ट्र ने 5 जून को विश्व पर्यावरण दिवस मनाने की घोषणा की थी। तब से लेकर "विश्व पर्यावरण दिवस" पर्यावरण की सुरक्षा और संरक्षण हेतु संपूर्ण विश्व में मनाया जाता है। पर्यावरण संरक्षण के लिए सरकार, स्थानीय प्रशासन एवं यूएनओ के साथ-साथ जन सामान्य स्वयं व्यक्तिगत एवं सामुदायिक रूप से कार्य करना चाहिए। अतः पर्यावरण सुधार एवं प्रदूषण की रोकथाम के लिए व्यक्ति, समुदाय एवं शासन सभी की भूमिका आवश्यक है। पर्यावरण संरक्षण से सम्बन्धित विभिन्न अधिनियमों को तालिका 1.1 में दिया गया है।

व्यक्ति एवं समुदाय की पर्यावरण संरक्षण में भूमिकाः पर्यावरण के प्रति जागरुकता के लिए व्यक्ति एवं समुदाय स्वयं को पर्यावरण में होने वाली विभिन्न गतिविधियों की जानकारी रखना, प्रदूषण के व्याख्यानों को सुनना, अपशिष्ट पदार्थों से पर्यावरण किस प्रकार प्रभावित होता है, इस संबंध में पढ़ना और नई योजनाओं की जानकारी प्राप्त करके पर्यावरण को संरक्षित करने में अपनी अहम भूमिका निभा सकता है।

1. कृषि रसायनों का संतुलित प्रयोग करना।
2. यात्रा के लिए यथासंभव सार्वजनिक वाहनों का ही प्रयोग करें।
3. सौर उपकरणों का प्रयोग करके ऊर्जा संसाधन बचायें।
4. प्राकृतिक संसाधनों का सीमित उपयोग करना।
5. प्लास्टिक बैग (पॉलीथीन की थैलियाँ) का उपयोग कम से कम करना या दैनिक जीवन में पॉलीथीन थैलियों के स्थान पर कागज एवं कपड़े की थैलियों का उपयोग करे।

6. वायु प्रदूषण दूर करने हेतु अपने वाहनों की नियमित जाँच एवं उचित रख-रखाव करे।
7. घरेलू अपशिष्ट पदार्थों का उचित प्रबंधन- घरों से निकलने वाले कचरे को खुले स्थानों पर नही डालना चाहिए।
8. कृषि अपशिष्ट पदार्थों से जैविक खाद एवं कंपोस्ट खाद तैयार करके भी पर्यावरण संरक्षण की दिशा में महत्वपूर्ण कदम होगा। इससे किसानों का पैसा भी बचेगा और अधिक उत्पादन भी मिलेगा। साथ ही रासायनिक खादों और कीटनाशक से भी मुक्ति मिल जाएगी।
9. पर्यावरण की स्वच्छता को बचाए रखने के लिए पौधरोपण एक बहुत ही अहम कदम है। स्वयं सेवकों एवं समुदाय के सामूहिक प्रयासों से पौधरोपण का कार्यक्रम बड़े स्तर पर आयोजित किया जाए।
10. कीटनाशक दवाओं और अन्य जहरीले रासायनिक पदार्थों का उपयोग नही करके उनके स्थान पर जैव खाद एवं जैव कीटनाशकों का उपयोग करें क्योंकि ये पर्यावरण के अनुकूल होते हैं।
11. वर्षा के जल को संचय करना चाहिए। सभी व्यक्ति अपने-अपने घरो में वर्षा जल को संचय करे तो जल की कमी को पूरा किया जा सकता है।
12. औद्योगिक, नगरीय एवं प्रदूषित घरेलू अपशिष्ट जल को आवश्यक उपचार के बाद छोडा जाना चाहिए।
13. नदियों, तालाबों, कुओं, झीलों, बांधों एवं अन्य जल स्रोतों के संरक्षण हेतु सघन प्रयास करने चाहिए।
14. वाहनों एवं घरेलू कार्यों में कम वायु प्रदूषण उत्पन्न करने वाले ईंधनों (जैसे संपीडित प्राकृतिक गैस, द्रवित पेट्रोलियम गैस) का उपयोग करना चाहिए।
15. कार्बन डाइऑक्साइड के न्यूनतम उत्सर्जन के प्रयास करने चाहिए।
16. जनता का जन आन्दोलन पर्यावरण संरक्षण के लिए अति महत्वपूर्ण है।
17. परम्परागत उर्जा स्रोतों का संरक्षण तथा उनका सीमित एवं विवेकपूर्ण उपयोग के साथ-साथ गैर-परम्परागत उर्जा के उत्पादन एवं उपयोग को बढावा देना चाहिए।

पर्यावरण संरक्षण में शासन की भूमिका

पर्यावरण संरक्षण के नीतिगत उद्देश्यों और सिद्धांतों से संबंधित प्रमुख पर्यावरणीय चुनौतियों से संबंधित विभिन्न क्षेत्रों में सरकार द्वारा लोगों को लेकर ठोस कार्यवाही की जा रही हैं तथा कुछ पहलुओं में नए विचारों का अनुसरण कर पर्यावरण संरक्षण के कार्यों को अमल में लाया जा रहा है। इस संबंध में जो विशिष्ट कार्यवाहियाँ की जा रही हैं उनमें मुख्य हैं:

1. राष्ट्रीय पर्यावरण नीति के अनुसार समीक्षा और परामर्श द्वारा पर्यावरणीय खतरों की स्पष्ट रूप से पहचान और पर्यावरण एवं प्राकृतिक संसाधनों के प्रबंधन के लिये एकीकृत कार्य योजना अपनाई जाए।
2. पर्यावरण संरक्षण के मौजूदा कानूनी प्रावधानों के कमजोर पहलुओं की पहचान कर उनको सुव्यवस्थित रूप में लागू किया जाए।
3. पर्यावरण के संरक्षण में बेहतर वैज्ञानिक सूझबूझ, आर्थिक और सामाजिक विकास के साथ-साथ बहुपक्षीय विचारों में बेहतर तालमेल करके लागू करना चाहिए।
4. कृषि, वानिकी, जैविक कृषि, पर्यावरणीय रूप से सक्षम रोपण प्रणालियों और सिंचाई की बेहतर तकनीकों को बढ़ावा देना और विस्तारित करना।
5. भूमिगत रिचार्ज को बढ़ाने के लिये वर्षाजल उपयोग और कृत्रिम रिचार्ज को बढ़ावा दिया जाना।
6. उद्योगों में जल मूल्यांकन और जल लेखा परीक्षा को अनिवार्य बनाकर औद्योगिक प्रक्रियाओं में जल की मात्रा में कमी करना।
7. जहरीली अपशिष्ट पदार्थों के निपटारे के लिये उपयुक्त स्थलों की पहचान और भूजल एवं सतही जल संसाधनों को इससे बचाने के लिए ठोस कार्य योजना।
8. राष्ट्रीय एवं अन्तर्राष्ट्रीय स्तर पर पर्यावरण संरक्षण एवं प्रदूषण उन्मूलन हेतु विभिन्न कार्यक्रम आयोजित करके उनका शक्ति से कार्यान्वयन होना चाहिए।
9. उद्योगों एवं अन्य कार्यों से उत्पन्न दूषित तथा विषैली गैसों को वातावरण में सीमित उत्सर्जन के लिए संयत्रों की स्थापना करनी चाहिए।
10. पर्यावरण को क्षति से बचाने के लिए सरकार तथा विभिन्न संघठनों द्वारा अनेकों अभियान एवं कार्यक्रम चलाये जा रहे हैं। केवल कानून बना देने से पर्यावरण की रक्षा नहीं हो सकती। अतः पर्यावरण को संरक्षण प्रदान करने के लिए विभिन्न अधि नियमों का शक्ति से पालन करना चाहिए।

तालिका 1.1: विभिन्न पर्यावरण संरक्षण अधिनियम

क्र.स.	अधिनियम	वर्ष
1.	जल (प्रदूषण निवारण एवं नियन्त्रण) अधिनियम	1974
2.	वायु (प्रदूषण निवारण एवं नियन्त्रण) अधिनियम	1981
3.	पर्यावरण (संरक्षण) अधिनियम	1986
4.	ध्वनि प्रदूषण (विनियमन एवं नियन्त्रण) नियम	2000
5.	राष्ट्रीय हरित अधिकरण अधिनियम	2010
6.	वन्यजीव (संरक्षण) अधिनियम	1972

7.	वन (संरक्षण) अधिनियम	1980
8.	जैविक विविधता अधिनियम	2002
9.	खतरनाक अपशिष्ट (प्रबन्धन, संचालन एवं सीमापार गतिविधि) नियम	1989
10.	खतरनाक रसायनों का उत्पादन, भण्डारण एवं आयात नियम	1989
11.	जैव-चिकित्सा अपशिष्ट (प्रबन्धन एवं संचालन) नियम	1998
12.	नगरपालिक ठोस अपशिष्ट (प्रबन्धन एवं संचालन) नियम	2000
13.	प्लास्टिक उत्पादन, बिक्री एवं प्रयोग नियम	1999

2 प्रदूषणः परिचय (Pollution: Introduction)

मानव की विकास सम्बन्धी गतिविधियाँ जैसे भवन निर्माण, यातायात और निर्माण न केवल प्राकृतिक संसाधनों को घटाती है बल्कि इतना अपशिष्ट भी उत्पन्न करती हैं जिससे वायु, जल, मृदा और समुद्र सभी प्रदूषित हो जाते हैं। वैश्विक ऊष्मा बढ़ता है और अम्ल वर्षा बढ़ जाती है। अनुपचारित या अनुचित रूप से उपचारित अपशिष्ट (कूड़ा-कर्कट) नदियों के प्रदूषण और पर्यावरणीय अवक्रमण का मुख्य कारण है जिसके फलस्वरूप स्वास्थ्य का खराब होना और फसलों की उत्पादकता में कमी आती है। इस पाठ में आप प्रदूषण के प्रमुख कारणों, पर्यावरण पर पड़ने वाले उनके प्रभावों और विभिन्न उपायों के बारे में जानकारी प्राप्त करेंगे, जिनसे इस प्रकार के प्रदूषणों को नियंत्रित किया जा सकता है।

प्रदूषण और प्रदूषक पदार्थ

गतिविधियाँ किसी न किसी प्रकार से पर्यावरण को प्रतिकूल रूप से प्रभावित करती ही हैं। एक पत्थर काटने वाला उपकरण वायुमंडल में निलंबित कणिकीय द्रव्य (Particulate matter, उड़ते हुए कण) और शोर फैला देता है। गाड़ियाँ (ऑटोमोबाइल) अपने पीछे लगे निकास पाइप से नाइट्रोजन, सल्फर डाइऑक्साइड, कार्बन डाइऑक्साइड, कार्बन मोनोऑक्साइड और हाइड्रोजन का मिश्रण भरा काला धुआँ छोड़ते हैं जिससे वातावरण प्रदूषित होता है। घरेलू अपशिष्ट और खेतों से बहाये जाने वाले कीटनाशक और रासायनिक उर्वरकों से युक्त दूषित पानी, जल निकायों को प्रदूषित करता है। चमड़े के कारखानों से निकलने वाले बहिस्रवि गंदे कूड़े और पानी में बहुत से रासायनिक पदार्थ मिले होते हैं और उनसे तीव्र दुर्गंध निष्कासित होती है।

ये केवल कुछ उदाहरण हैं जिनसे पता चलता है कि मानव गतिविधियाँ वातावरण को कितना प्रदूषित करती हैं। प्रदूषण (Pollution) को इस प्रकार परिभाषित किया जा सकता है- **मानव गतिविधियों के फलस्वरूप पर्यावरण में अवांछित पदार्थों का एकत्रित होना, प्रदूषण कहलाता है।** प्रदूषक वे भौतिक, रासायनिक या जैविक पदार्थ होते हैं जो अनजाने ही पर्यावरण में निष्कासित हो जाते हैं और प्रत्यक्ष या अप्रत्यक्ष रूप से मानव-समाज और अन्य जीवधारियों के लिये हानिकारक होते हैं। अर्थात **''वे पदार्थ जो पर्यावरण को प्रदूषित करते हैं उन्हें प्रदूषक (Pollutant) कहते हैं।''** एक प्रदूषक

जो प्रदूषण पैदा कर सकता है, वह उसकी प्रकृति, प्रदूषक की सांद्रता और उस समय के लिए निर्भर करता है।

स्टॉक प्रदूषक

प्रदूषक जिनकी पर्यावरण में बहुत कम या कोई अवशोषण क्षमता नहीं होती है, उन्हें स्टॉक प्रदूषक कहा जाता है (सिंथेटिक रसायन, गैर-बायोडिग्रेडेबल प्लास्टिक और भारी धातु)। स्टॉक प्रदूषक समय के साथ पर्यावरण में जमा होते जाते हैं। अधिक प्रदूषक के उत्सर्जित होने के कारण जो क्षति होती है, वह बढ़ जाती है और प्रदूषक के जमा होते ही बनी रहती है। स्टॉक प्रदूषक भविष्य में आने वाली पीढ़ियों के लिए एक नुकसान का कारण बन सकते हैं।

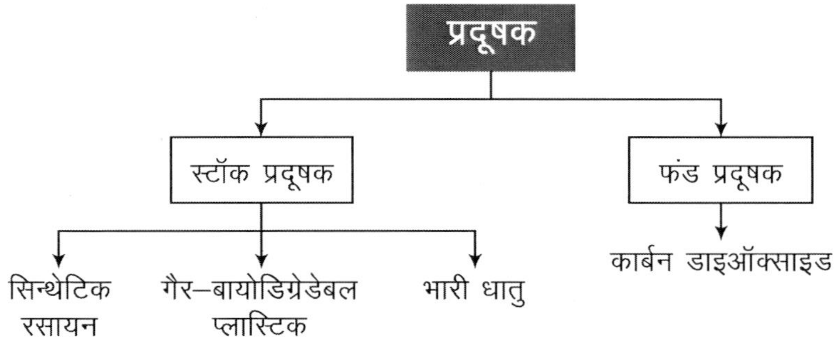

चित्र 2.1: स्टॉक एवं फंड प्रदूषक

- **जैव निम्नीकरणीय या बायोडिग्रेडेबल प्रदूषकः** जिन प्रदूषक पदार्थों का प्राकृतिक क्रियाओं से अपघटन होकर निम्नीकरण (डिग्रेडेशन) होता है, उन्हें बायोडिग्रेडेबल प्रदूषक कहते हैं। उदाहरणार्थ, घरेलू क्रियाओं से निकले जल-मल का अपघटन सूक्ष्मजीव करते हैं। इसी प्रकार मेटाबोलिक क्रियाओं के उपोत्पाद जैसे कार्बन डाइऑक्साइड, नाइट्रेट्स एवं तापीय प्रदूषण से निकली ऊष्मा आदि का उपचार प्रकृति में ही इस प्रकार से हो जाता है कि उनका प्रभाव प्रदूषक नहीं रह जाता।
- **अनिम्नीकरणीय या नॉन-डिग्रेडेबल प्रदूषकः** ये प्रदूषक पदार्थ वे होते हैं जिनका प्रकृति में प्राकृतिक विधि से निम्नीकरण नहीं हो सकता। प्लास्टिक पदार्थ, अनेक रसायन, लम्बी श्रृंखला वाले डिटर्जेन्ट (long chain detergents) काँच, एल्युमिनियम एवं मनुष्य द्वारा निर्मित असंख्य कृत्रिम पदार्थ (synthetic material) इसी श्रेणी के अन्तर्गत आते हैं। इनका हल दो प्रकार से हो सकता है- एक तो इनका पुनः उपयोग अर्थात पुनर्चक्रण (recycling) करने की तकनीकों का विकास तथा दूसरे इनकी अपेक्षा वैकल्पिक डिग्रेडेबल पदार्थों का उपयोग।

- **विषैली भारी धातुः** इस श्रेणी में भारी धातुएँ (पारा, सीसा, कैडमियम आदि) धूमकारी गैसें, रेडियोधर्मी पदार्थ, कीटनाशक एवं ऐसे अनेक कृषि एवं औद्योगिक बहिःस्राव आते हैं जिनकी विषाक्तता के बारे में अभी जानकारी नहीं है। इस श्रेणी के अनेक प्रदूषकों का एक विशेष गुण होता है कि ये आहार-शृंखला में प्रवेश करने के पश्चात् हर स्तर पर सांद्रित होते जाते हैं। इस श्रेणी के प्रदूषक वास्तव में मानव एवं अन्य जीवधारियों के स्वास्थ्य के लिये अत्यधिक हानिकारक हैं।

फंड प्रदूषक

फंड प्रदूषक वे हैं जिनकी पर्यावरण में कुछ अवशोषण क्षमता होती है। अर्थात फंड प्रदूषक वे हैं जो पर्यावरण का हिस्सा हो सकते हैं और पूरी तरह से खराब होने से पहले समय लेते हैं। निधि प्रदूषक पर्यावरण को तब तक नुकसान नहीं पहुँचाते हैं जब तक कि उत्सर्जन दर पर्यावरण की अवशोषण क्षमता (जैसे कार्बन डाइऑक्साइड, जो पौधों और महासागरों द्वारा अवशोषित होती है) से अधिक नहीं होती है। फंड प्रदूषकों को नष्ट नहीं किया जाता है, बल्कि कम हानिकारक पदार्थों में परिवर्तित कर दिया जाता है, या गैर-हानिकारक सांद्रता में पतला/फैलाया जा सकता है।

स्टॉक एवं फंड प्रदूषकों में निम्नलिखित समूह शामिल हैं:

- भारी धातुओं
- लगातार जैविक प्रदूषक पीओपी
- पर्यावरणीय निरंतर दवा प्रदूषक
- पॉलीसाइक्लिक सुरभित हाइड्रोकार्बन
- वाष्पशील कार्बनिक यौगिकों

प्रदूषण का इतिहासः समय के अनुसार हुए प्रदूषण को तालिका 2.1 में दिया जा रहा है।

तालिका 2.1: प्रदूषण का इतिहास

क्र.स.	सन	प्रदूषण का इतिहास
1.	1272	इंग्लैंड के किंग एडवर्ड ने "समुद्री कोयले" के उपयोग पर प्रतिबंध लगाया।
2.	1377–1399	रिचर्ड-II ने कोयले के उपयोग को प्रतिबंधित किया।
3.	1413–1422	हेनरी वी ने कोयले के उपयोग को नियंत्रित/प्रतिबंधित किया।
4.	1907	एयर एंड वेस्ट मैनेजमेंट एसोसिएशन के पूर्ववर्ती का गठन
5.	1930–1950	वायु प्रदूषण प्रकरण

6.	1955	पहला संघीय वायु प्रदूषण नियंत्रण अधिनियम-अनुसंधान के लिए धन (यूएसए)
7.	1960	मोटर वाहन निकास अधिनियम-अनुसंधान के लिए धन (यूएसए)
8.	1965	मोटर वाहन वायु प्रदूषण नियंत्रण अधिनियम (यूएसए)
9.	1967	वायु गुणवत्ता अधिनियम (यूएसए)
10.	1970	स्वच्छ वायु अधिनियम संशोधन (यूएसए) राष्ट्रीय परिवेश वायु गुणवत्ता मानक

प्रदूषण के प्रकारः प्रदूषण के प्रमुख प्रकारों को चित्र 2.2 में दर्शाया गया है एवं इनका संक्षेप में वर्णन नीचे दिया गया है। विभिन्न पर्यावरण प्रदूषण के स्रोतों को भी चित्र 2.3 में संग्रहित किया गया है।

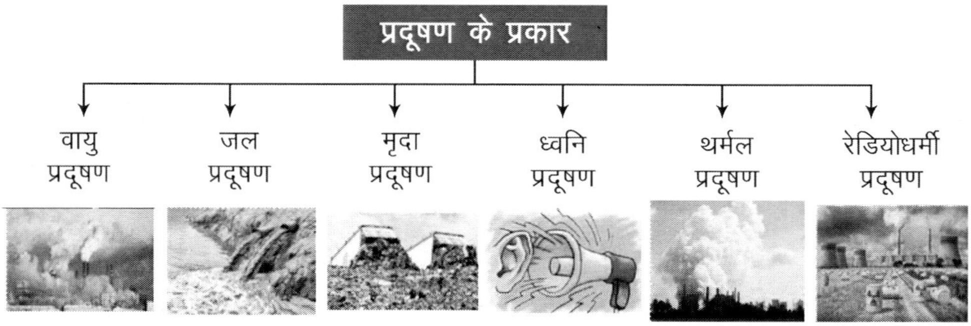

चित्र 2.2: प्रदूषण के प्रकार

1. **वायु प्रदूषणः** वायु हमारे जीवन के लिए एक बहुत ही महत्वपूर्ण स्रोत होती है। जब वायु में हानिकारक गैसें जैसे कार्बन-डाइऑक्साइड और कार्बन-मोनोऑक्साइड का स्तर एक सीमा से अधिक बढ़ जाता है तो उसे वायु प्रदूषण कहते हैं। बहुत से कारणों से वायु प्रदूषण होता है। वायु प्रदूषण की वजह से अनेक तरह की बीमारियाँ भी हो जाती हैं जैसे- अस्थमा, एलर्जी, साँस लेने में समस्या आदि।
2. **जल प्रदूषणः** जल के बिना किसी भी प्रकार के जीव के जीवन की कल्पना नहीं की जा सकती है। जब इस जल में प्राकृतिक या मानवीय कारणों से बाहरी अशुद्धियाँ मिल जाती हैं जिसकी वजह से जल के गुणों में परिवर्तन हो जाता है एवं जीवों पर हानिकारक प्रभाव पड़ता है इसे ही जल प्रदूषण कहते हैं। जब इस प्रदूषित पानी को हम पीते हैं तो कई प्रकार की बीमारियाँ एवं समस्यायें हो जाती है जैसे- हैजा, टाइफाइड, दस्त।
3. **मृदा प्रदूषणः** मृदा कार्बनिक तथा अकार्बनिक यौगिकों का सम्मिश्रण है। मृदा की परिभाषा 'डोकुचौव' के अनुसार "मृदा खनिज और कार्बनिक घटकों से बना एक

प्राकृतिक पिंड है जो एक निश्चित उत्पत्ति एवं अपनी खुद की एक अलग प्रकृति रखती है।'' जब मानवीय एवं प्राकृतिक कारणों से मृदा का प्राकृतिक स्वरूप नष्ट होने लगता है, वहीं से मृदा-प्रदूषण का आरम्भ होता है। इसे पारिभाषिक रूप में हम कह सकते हैं कि, मृदा के भौतिक, रासायनिक या जैविक गुणों में ऐसा कोई अवांछित परिवर्तन, जिसका प्रभाव मनुष्य एवं अन्य जीवों पर पडे तो उसे मृदा प्रदूषण कहते है। या मानव के द्वारा मृदा के भौतिक, रासायनिक तथा जैविक स्वरूप में परिवर्तन से मृदा निर्माण की अपेक्षा विनाश अधिक होता है। यह मृदा विनाश ही मृदा प्रदूषण कहलाता है।

4. **ध्वनि प्रदूषणः** मनुष्य को शांत वातावरण की जरूरत होती है। ध्वनि प्रदूषण एक ऐसी समस्या है जो दिखाई तो नही देती लेकिन इससे कई समस्यायें उत्पन्न हो चुकी है। शोर एक ऐसी ध्वनि है, जो किसी व्यक्ति को अवांछनीय लगती है और उसकी कार्यक्षमता को प्रभावित करती है। ध्वनि प्रदूषण के कई स्रोत है जैसे- मोटर साइकिल, डीजे, कारखाने, लाउडस्पीकर, साइरन की वजह से शोर। ध्वनि प्रदूषण की वजह से हमारी सुनने की शक्ति कमजोर होती है। कई बार ध्वनि प्रदूषण से मानसिक तनाव की स्थिति भी उत्पन्न हो जाती है। ध्वनि प्रदूषण एक अत्यंत हानिकारक समस्या है और इसका निवारण नितांत आवश्यक है।

1. वायु प्रदूषण

औद्योगीकरण

वाहन धुँआ

जीवाश्म ईंधन का जलना

वनों की कटाई

ज्वालामुखीय गतिविधि

2. जल प्रदूषण

औद्योगिक अपशिष्ट

तैलीय प्रदूषण

थर्मल प्रदूषण

कृषि अपशिष्ट

रेडियोधर्मी कचरा

3. मृदा प्रदूषण

ज्वालामुखी वि. स्फोट

खनन अपशिष्ट

भूस्खलन

रेडियोधर्मी कचरा

अपरदन

चित्र 2.3: विभिन्न पर्यावरण प्रदूषण के स्रोत

5. **थर्मल या ऊष्मीय प्रदूषणः** थर्मल प्रदूषण ऐसी प्रक्रिया है जो पानी की गुणवत्ता को कम करके उसके परिवेश के तापमान को बढ़ा देता है। तापमान में बदलाव के कारण ऑक्सीजन की मात्रा कम हो जाती है जिसके वजह से पारिस्थितिकी तंत्र पर बुरा प्रभाव पड़ता है। थर्मल प्रदूषण से जलीय निकायों के जानवरों की एंजाइम गतिविधि के रूप में चयापचय की दर बढ जाती है, परिणामस्वरूप जीवाश्म अल्प समय में ज्यादा खाद्य पदार्थ सेवन करने लगते हैं। यह थर्मल, परमाणु, नाभिकीय, कोयले कारखाने, तेल क्षेत्र जेनरेटर, कारखानों और मिलों जैसे विभिन्न औद्योगिक संयंत्रों द्वारा शीतल पानी का प्रयोग करने से होता है।

6. **रेडियोधर्मी प्रदूषणः** यह एक बहुत ही हानिकारक प्रदूषण होता है। यह अन्य प्रदूषणों की तुलना में अधिक दीर्घकालीन, खतरनाक तथा हानिकारक होते हैं। रेडियोधर्मी पदार्थों की क्रियाशीलता द्वारा हुये प्रदूषण को रेडियोधर्मी प्रदूषण कहते हैं। रेडियोधर्मी पदार्थ निरंतर रेडियोधर्मी विखंडन के माध्यम से अस्थाई आइसोटोप का निर्माण करते हैं, जो अत्यन्त गतिशील एवं उच्च ऊर्जा विकिरण उत्पन्न करते हैं। इस आधार पर रेडियोधर्मिता एक प्रक्रिया का परिणाम है जो विघटन के समय

उच्च शक्ति का विकिरण उत्पन्न करते हैं। इसके अलावा मानव द्वारा बनाये गये ऐसे पदार्थ जिनका अणुभार यूरेनियम से ज्यादा होता है, वे भी रेडियोएक्टिव विकिरण पैदा करने की क्षमता रखते हैं। दूसरे विश्वयुद्ध के समय हिरोशिमा और नागासाकी पर जो परमाणु बम गिराए गये थे उनके गंभीर परिणामों को आज के समय में भी देखा जा सकता है। परमाणु विस्फोटों एवं दुर्घटनाओं से जल, वायु एवं भूमि का प्रदूषण होता है। रेडियोधर्मी प्रदूषण के कारण गर्भाशय में शिशुओं की मृत्यु तक हो सकती है। रेडियोधर्मी प्रभाव से जीन एवं गुणसूत्रों पर प्रभाव जो जीवों पर अनुवांशिक प्रभाव डालते हैं, जिसके प्रभाव से विकलांगता एवं अपंगता होती है। इससे त्वचा, खून की गुणवत्ता, हड्डियों में मौजूद मज्जा, सिर के बालों का झड़ना, शरीर में रक्त की कमी एवं कैंसर जैसी घातक बीमारियाँ हो सकती हैं।

तालिका 2.2: प्रदूषण की रोकथाम

क्र.स.	प्रदूषण	पर्यावरण संरक्षण गतिविधि के प्रकार
1.	वायु प्रदूषण	उद्योगों में प्रक्रिया संशोधन के माध्यम से रोकथाम।
		वायुमंडल में जारी गैसों का उपचार।
2.	मृदा प्रदूषण	मृदा में प्रदूषक अन्त:स्रवण की रोकथाम।
		मृदा अपरदन जैसे भौतिक क्षरण से बचाव।
3.	जल प्रदूषण	उद्योगों में प्रक्रिया संशोधन के माध्यम से रोकथाम।
		व्यर्थ/अपशिष्ट पानी का उपचार।
4.	थर्मल प्रदूषण	उद्योगों में प्रक्रिया संशोधन के माध्यम से रोकथाम।
5.	ध्वनि प्रदूषण	स्रोतों के प्रक्रिया संशोधन के माध्यम से रोकथाम।
		उद्योगों में काम आने वाली एंटी-नॉइज तकनीकों का विकास।
6.	रेडियोधर्मी प्रदूषण	विकिरण से व्यापक वातावरण का संरक्षण।
		रेडियोधर्मी सामग्री के उपचार और परिवहन में किए गए उपायों के माध्यम से रखरखाव।

प्रदूषण की समस्या और समाधान

प्रदुषण अपने आप में इतनी बड़ी समस्या है जिसको आसानी से खत्म नही किया जा सकता लेकिन व्यक्ति, समाज, सरकार सभी आपस में मिलकर छोटे-छोटे उपायों को अपनाकर इस समस्या को बहुत कम कर सकते हैं। प्रदूषण की समस्या से बचाने के महत्वपूर्ण बिन्दु इस प्रकार है-

1. आधुनिकीकरण मे हर एक तकनीक का इतना अधिक से अधिक उपयोग हो रहा है, जिसके चलते ग्लोबल वार्मिंग का खतरा बहुत बढ़ गया है जैसे- मोबाइल,

कंप्यूटर, आधुनिक मशीनों का उपयोग कम से कम करे। अत: इनसे निकलने वाली तरंगो को रोक कर ग्लोबल वार्मिंग के खतरे को कम किया जा सकता है।

2. वाहनों का कम से कम उपयोग करना चाहिए जिससे खनिज पदार्थों की खपत को रोका जा सके।
3. मशीनों का उपयोग कम कर, हाथ से बनी वस्तु का उपयोग अधिक करना चाहिए।
4. सौर ऊर्जा से चलने वाले यंत्रो का उपयोग करना चाहिए।
5. कृषि में जैविक खाद का उपयोग करना चाहिए।
6. बढ़ रहे प्लास्टिक के उपयोग को रोके और कचरे के रूप मे फेंके जाने वाले प्लास्टिक को रिसाइकिल कर पुनः उपयोग करना चाहिए।

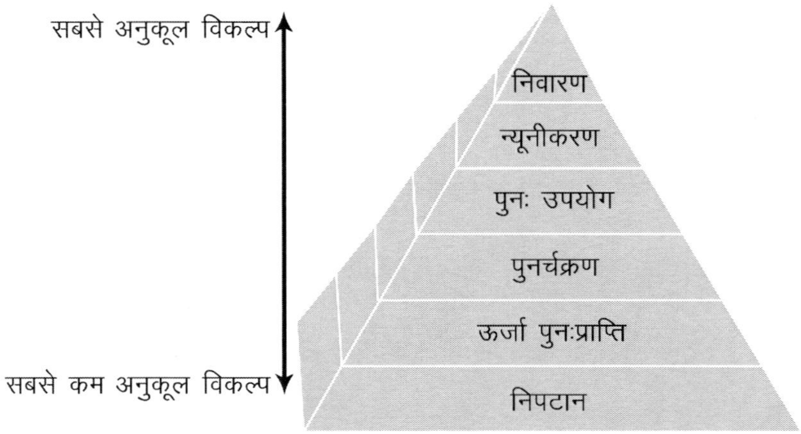

चित्र 2.4: पिरामिड प्रदूषक अपशिष्ट न्यूनीकरण की प्राथमिकता रणनीतिक को दर्शाता है

7. अधिक से अधिक पेड़-पौधें लगायें, जल का संग्रह कर उसका सदुपयोग करना चाहिए।
8. देश से अंधविश्वास और अनपढ़ता को खत्म कर, नदियों में मृत शरीर और अस्थियों का प्रवाह नही करना चाहिए।

अध्याय 3

वायु प्रदूषण (Air Pollution)

हम श्वसन संबंधी आवश्यकताओं के लिए वायु पर निर्भर हैं। वायु प्रदूषक सभी जीवों को क्षति पहुँचाते हैं। वे फसल की वृद्धि एवं उत्पाद कम करते हैं और इनके कारण पौधे अपरिपक्व अवस्था में मर जाते हैं। वायु प्रदूषक मनुष्य और पशुओं के श्वसन तंत्र पर काफी हानिकारक प्रभाव डालते हैं। ये हानिकारक प्रभाव प्रदूषकों की सांद्रता उद्भासन–काल और जीव पर निर्भर करते हैं। विश्व में वायु प्रदूषण स्वास्थ्य के लिए बढ़ता हुआ खतरा है। सन् 1955 में अमेरिका और जापान में दमा महामारी की भयानक घटना घटी थी और लंदन में सन् 1952 में। इसके कारण लगभग 4000 लोगों की मृत्यु हो गई थी। इन दुर्भाग्यपूर्ण घटनाओं के पश्चात् वायु प्रदूषण को सबसे अधिक खतरनाक माना गया। भारत में भोपाल गैस त्रासदी ने देश भर में सभी वर्गों के लोगों को वायु प्रदूषण से होने वाले कुप्रभावों से सावधान कर दिया है। आप इस पाठ्यक्रम में वायु प्रदूषण, स्रोत, कुप्रभावों एवं नियंत्रण के बारे में जानेगें।

जिस वायु में हम सांस लेते हैं उसमें प्रदूषण फैलने के कारण ऑक्सीजन की कमी तथा उसकी गुणवत्ता भी घट जाती है। इसके अलावा हम साँस के माध्यम से उन प्रदूषकों को भी ले लेते है जो हमारे फेफड़ों के लिए हानिकारक होते हैं। अकसर हम अनुभव करते हैं कि धुएँ या बारीक धूल के कणों के संपर्क में आते ही हमारी आँखों, नाक, गले इत्यादि में जलन पैदा हो जाती है। कुछ अन्य प्रदूषकों से तो आँखों में पानी आने लगता है, नाक में जलन के अलावा अवरोध पैदा हो जाता है, छींके आने लगती है, नाक से पानी बहने लगता है एवं सिर दर्द होने लगता है, साथ ही साथ गले की खराश, आवाज में परिवर्तन, सूखी खांसी भी होने लगती है। यह सब लक्षण प्रदूषकों के कुप्रभाव के संकेत देते हैं। अगर प्रदूषित गैसें श्वसन तंत्र के अन्य भागों तक पहुंच जाती हैं तो लगातार खांसी, सांस लेने में कठिनाई और तेज सांस या श्वसन की अन्य समस्याएं पैदा हो जाती हैं जो घातक सिद्ध हो सकती हैं। यह सब वायु प्रदूषकों के प्रभावों के तीव्र लक्षण हैं जो इनके संपर्क में आते ही शुरू हो जाते हैं। वायु प्रदूषण का दृश्य चित्र 3.1 एवं 3.2।

विभिन्न अध्ययनों द्वारा यह सिद्ध हुआ है कि अधिकांश वायु प्रदूषक श्वसन संबंधी समस्याएं उत्पन्न करते हैं। लम्बे समय तक इनके संपर्क में रहने से वातस्फीति

(emphysema), श्वसनी शोथ (bronchitis), पुरानी खांसी (chronic cough) और दमा (asthma) जैसे रोग हो जाते हैं। धुएं से प्रदूषित वायु, एलर्जी तथा हृदय रोग जैसी गंभीर स्वास्थ्य समस्याएं उत्पन्न कर देती हैं।

विभिन्न गैसों का घातक प्रभाव निम्न प्रकार है-

क्र.सं.	प्रदूषक	प्रभाव
1.	कार्बन मोनो ऑक्साइड	रक्त के हीमोग्लोबिन से मिलकर विषैला पदार्थ कार्बोक्सीहीमोग्लोबिन बनता है तथा अनेक व्याधियां पैदा करता है।
2.	क्लोरीन	आँख, नाक, गले में जलन, आँखों में सूजन तथा खाँसी की बीमारी
3.	धूलकण	एलर्जी, साँस के रोग, रेत की अधिकता से सिलकोसिस नामक रोग
4.	एसबेस्टस कण	एस्बेस्टॉसिस नामक रोग
5.	लेड कण	लेड विषाक्तता तथा कैंसर
6.	मैगनीज कण	निमोनिया एवं साँस की बीमारी
7.	हाइड्रोजन सल्फाइड	नाक, कान, गले में जलन, लकवा
8.	हाइड्रोजन क्लोराइड	बच्चों की शारीरिक संरचना में विकृति तथा फ्लोरोसिस
9.	हाइड्रोजन के ऑक्साइड	श्वसन क्रिया अवरूद्ध होने से फेफड़ों में धूलकण व कजली का अधिक प्रवेश
10.	पारे की वाष्प	अत्यंत विषैला होने की वजह से पारे की विषाक्तता हो जाती है।
11.	नाइट्रोजन डाइ ऑक्साइड	जलन, फेफड़ों के रोग तथा दृष्टि की समस्या होती है।
12.	ओजोन	आँख, नाक, गले में जलन, दमे की बीमारी तथा वातावरण में स्मॉग बनाना।
13.	सल्फर डाइ ऑक्साइड	सिरदर्द, उल्टी, साँस लेने में तकलीफ तथा मृत्यु दर में वृद्धि।
14.	रेडियोधर्मी कण	मुख्यतः कैंसर तथा आगे की पीढ़ी में संतानों में विकृति होना तथा आयु भी घटती है।

कार्बन मोनोऑक्साइड साँस द्वारा शरीर में पहुँच कर लाल रूधिर कणिकाओं में हीमोग्लोबिन से ऑक्सीजन आबंधन का अवरोध करती है क्योंकि यह ऑक्सीजन

प्रतियोगिता निरोधक (competitive inhibitor) है और ऑक्सीजन की तरह हीमोग्लोबिन से आबंध बनाती है।

चित्र 3.1: वायु प्रदूषण का दृश्य

बड़े शहरों में भीड़-भाड़ के कारण यातायात अवरुध हो जाने से जाम लग जाते है। अत्यधिक भीड़-भाड़ वाले यातायात के स्थान पर हवा में कार्बन मोनोऑक्साइड के स्तर में वृद्धि हो जाती है। अन्य वायु प्रदूषकों से भी आप परिचित होंगे। जैसे नाइट्रोजन के ऑक्साइड, सीसा, हाइड्रोकार्बन, मोटर वाहनों से निकले धुएं में कणयुक्त पदार्थ और गंधक युक्त कोयले या तेल जलने से सल्फर डाइऑक्साइड का बनना इत्यादि।

वायु प्रदूषण (Air Pollution)

समस्त जीवधारियों के जीवन के लिए वायु एक आवश्यक तत्व है। प्राणियों एवं पादपों के लिए आवश्यक विभिन्न गैसें वायुमण्डल से प्राप्त होती हैं। वायुमण्डल में विद्यमान विभिन्न गैसें एक निश्चित मात्रा एवं अनुपात में पायी जाती हैं। वायुमंडल एक गैसीय आवरण है, जो पृथ्वी को चारों ओर से घेरे हुए है। मानव जीवन वायु के बिना असंभव है। वायु विभिन्न गैसों का यांत्रिक मिश्रण है। सामान्यतः वायुमण्डल में 78 प्रतिशत नाइट्रोजन, 21 प्रतिशत ऑक्सीजन, 0.93 प्रतिशत ऑर्गन, 0.031 प्रतिशत कार्बन डाइऑक्साइड तथा शेष निष्क्रिय गैस तथा जलवाष्प होती है। प्राकृतिक एवं मानवीय कारणों से वायु के दूषित होने की प्रक्रिया वायु प्रदूषण कहलाती है।

तालिका 3.1: वायुमण्डल में विद्यमान विभिन्न गैसें

गैस	संकेतक	मात्रा (प्रतिशत)
नाइट्रोजन	N_2	78.08
ऑक्सीजन	O_2	20.94
ऑर्गन	Ar	0.934
कार्बन डाइऑक्साइड	CO_2	0.031
नियॉन	Ne	0.0018
मीथेन	CH_4	0.0002
हीलियम	He	0.000524
क्रिप्टन	Kr	0.000114
हाइड्रोजन	H_2	0.00005
जेनोन	Xe	0.0000087

चित्र 3.2: वायु प्रदूषण का दृश्य

वायु प्रदूषण औद्योगिक गतिविधियों और कुछ घरेलू गतिविधियों के फलस्वरूप होता है। ताप संयंत्रों, जीवाश्ममय ईंधन के निरन्तर बढ़ते प्रयोग, उद्योगों, यातायात, खनन कार्य, भवन-निर्माण और पत्थरों की खुदाई से वायु-प्रदूषण होता है। वायु प्रदूषण को इस प्रकार परिभाषित किया जा सकता है कि वायु में किसी भी हानिकारक ठोस, तरल

या गैस का, जिसमें ध्वनि और रेडियोधर्मी विकिरण भी शामिल हैं, इतनी मात्रा में मिल जाए जो प्रत्यक्ष या अप्रत्यक्ष रूप से मानव और अन्य जीवधारियों को हानिकारक रूप से प्रभावित करते हैं। इनके कारण पौधें, सम्पत्ति और पर्यावरण की स्वाभाविक प्रक्रिया बाधित होती है। वातावरण में रसायनों और कणों की रिहाई आम गैसीय प्रदूषकों में कार्बन मोनोऑक्साइड, सल्फर डाइऑक्साइड, क्लोरोफ्लोरोकार्बन (सीएफसी), उद्योग और मोटर वाहनों द्वारा उत्पादित नाइट्रोजन ऑक्साइड शामिल हैं। फोटोकैमिकल ओजोन और स्मॉग नाइट्रोजन ऑक्साइड के रूप में बनाए जाते हैं और हाइड्रोकार्बन सूर्य के प्रकाश पर प्रतिक्रिया करते हैं। पार्टिकुलेट मैटर, या महीन धूल उनके माइक्रोमीटर आकार PM_{10} से $PM_{2.5}$ की विशेषता है।

वायु प्रदूषण का अर्थ

जब वायुमंडल में विविध प्रदूषक तथा धूल, गैस और वाष्प आदि इतनी मात्रा मे एकत्रित हो जाये कि उससे वायु के प्राकृतिक गुण में अन्तर आने लगे तथा उससे मानव स्वास्थ्य, जीव-जन्तु और सम्पत्ति को हानि होने लगे तो उसे 'वायु प्रदूषण' कहते हैं।

विश्व स्वास्थ्य संगठन के अनुसार, ''वायु प्रदूषण एक ऐसी स्थिति है जिसमें बाह्य वायुमण्डल में मानव और उसके पर्यावरण को हानि पहुँचाने वाले तत्व सघन रूप से एकत्रित हो जाते हैं।''

वायु प्रदूषकों के प्रकार: वायुमंडलीय प्रदूषक जैसे प्राकृतिक और मानव निर्मित विभिन्न प्रकार के स्रोतों को उनकी उत्पत्ति, रासायनिक संरचना और पदार्थ की स्थिति के आधार पर निम्नलिखित प्रकारों में वर्गीकृत किया जा सकता है (चित्र 3.3)-

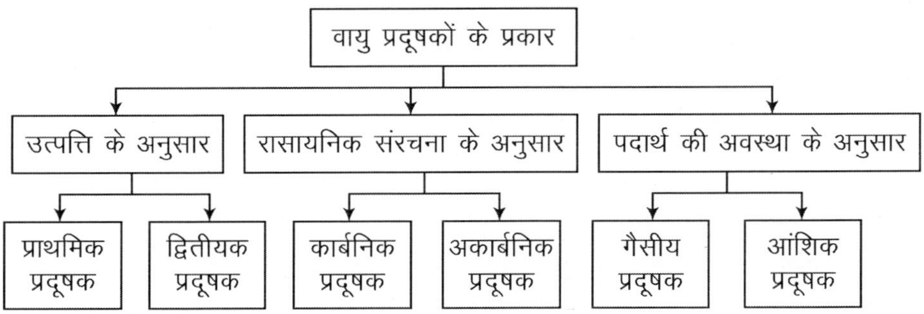

चित्र 3.3: वायु प्रदूषक के प्रकार

उत्पत्ति के अनुसार

1. **प्राथमिक प्रदूषक:** प्रदूषक जो विभिन्न स्रोतों से सीधे वायुमंडल में उत्सर्जित होते हैं एवं प्रकृति में अपने मूल स्वरूप में रहकर ही प्रदूषण उत्पन्न करते है, प्राथमिक

प्रदूषक कहलाते है। जैसे, कार्बन के ऑक्साइड, नाइट्रोजन के ऑक्साइड, सल्फर के ऑक्साइड, पार्टिकुलेट मैटर आदि (चित्र 3.4)।

2. **द्वितीयक प्रदूषकः** प्रदूषक जो वायुमंडल में होने वाले थर्मोकैमिकल या फोटोकैमिकल प्रतिक्रियाओं के कारण प्राथमिक प्रदूषकों से प्राप्त होते हैं या प्रदूषक जो प्राथमिक प्रदूषकों की अंतक्रिया से निर्मित होते हैं, द्वितीयक प्रदूषक कहलाते है। जैसे- पेरोक्सी एसिटाइल नाइट्रेट (PAN), नाइट्रिक अम्ल, सल्फ्यूरिक अम्ल और ओजोन (O_3), आदि (चित्र 3.4)

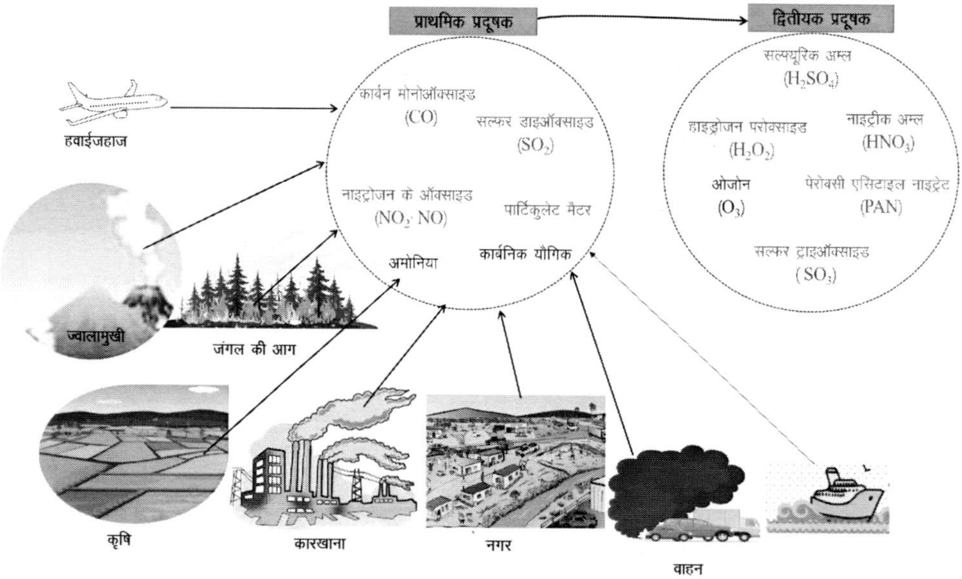

चित्र 3.4: प्राथमिक एवं द्वितीयक प्रदूषक

रासायनिक संरचना के अनुसार

1. **कार्बनिक प्रदूषकः** ये कार्बन और हाइड्रोजन से युक्त यौगिक हैं जिनमें ऑक्सीजन, नाइट्रोजन, फॉस्फोरस और सल्फर जैसे तत्व शामिल हो सकते हैं। हाइड्रोकार्बन, एल्डिहाइड, कीटोन्स और अन्य कार्बनिक यौगिकों जैसे कार्बोक्सिलिक अम्ल, अल्कोहल, इथर, एस्टर, एमाइन और कार्बनिक सल्फर।

2. **अकार्बनिक प्रदूषकः** इनमें कार्बन मोनोऑक्साइड (CO) जैसे कार्बन यौगिक, नाइट्रोजन के ऑक्साइड जैसे नाइट्रोजन यौगिक (NO_X), अमोनिया (NH_3), सल्फर डाइऑक्साइड जैसे हाइड्रोजन सल्फाइड (H_2S), सल्फर डाइऑक्साइड (SO_2), सल्फर ट्राइऑक्साइड (SO_3) और सल्फ्यूरिक एसिड (H_2SO_4)।

पदार्थ की अवस्था के अनुसार

1. **गैसीय प्रदूषक:** प्रदूषक जो वायु के साथ मिल जाते हैं और बसते नहीं हैं, गैसीय प्रदूषक कहलाते हैं। कार्बन मोनोऑक्साइड, कार्बन डाइऑक्साइड, सल्फर ऑक्साइड और नाइट्रोजन के ऑक्साइड गैसीय प्रदूषकों के कुछ उदाहरण हैं। ये सभी मनुष्यों और वनस्पति पर हानिकारक प्रभाव छोड़ते हैं। तालिका 3.2 में गैसीय प्रदूषकों के स्रोत और कुप्रभावों को दिखाया गया है।
2. **आंशिक प्रदूषक:** प्रदूषक बारीक विभाजित ठोस और तरल पदार्थों से युक्त होते हैं, जो अक्सर कोलाइडल स्थिति में मौजूद होते हैं जैसे कि एरोसोल, धूम्रपान, धुएं, धूल, कोहरे, स्प्रे और फ्लाई ऐश को कण प्रदूषक के रूप में जाना जाता है।

तालिका 3.2: गैसीय वायु प्रदूषक, उनके स्रोत और प्रभाव

प्रदूषक	स्रोत	हानिकारक प्रभाव
कार्बन यौगिक (CO और CO_2)	मोटर वाहन, लकड़ी और कोयले के जलने से शक्ति संयत्रों व रिफाइनरी ज्वालामुखी-विस्फोट	श्वसन सम्बंधी समस्याएँ
सल्फर यौगिक (SO_2 और H_2S)	मोटरवाहन द्वारा छोड़ा गया धुआँ, वायुमण्डलीय अभिक्रिया	हरित गृह प्रभाव, अम्ल वर्षा से पदार्थों (धातुओं व पत्थर) को क्षति पहुँचना
नाइट्रोजन यौगिक (NO और N_2O)	मोटरवाहन व पेट्रोलियम उद्योग	मानवों में श्वसन समस्याएँ, अम्ल वर्षा
हाइड्रोकार्बन (बैंजीन, इथाइलीन)	भापशक्ति संयंत्र, निर्माण गतिविधियां धातु कर्मीय प्रक्रियायें मोटर वाहन	पौधों में क्लोरोफिल की कमी (क्लोरोसिस)
निलंबित कण द्रव्य (SPM) हवा में निलंबित कोई ठोस द्रव्य कण	घरेलू, औद्योगिक और वाहनों से निकलने वाला धुआँ (सूट), राख, धूल, सीसा	आँखों एवं फेफड़ों में जलन, पादपों की उत्पादकता में कमी होना, श्वसन समस्यायें, कैंसर उत्पन्न करने वाले गुण, दृश्यता में कमी होना, श्वसन समस्यायें, लाल रक्त कणिकाओं के विकास में व्यवधान उत्पन्न करता है तथा फेफड़े के रोग एवं कैंसर उत्पन्न करता है।

रेशे (कपास, ऊन)	वस्त्र उद्योग व कालीन बुनने वाला उद्योग	दृश्यता में कमी, फेफड़ों में धूल (न्यूमोकोनियोसिस) आदि जमना, अस्थमा, कैंसर और फेफड़ों के अन्य रोग हो जाते हैं।

वायु प्रदूषण के लिए जिम्मेदार कारक/स्रोतः वायु प्रदूषण मानव और प्राकृतिक दोनों क्रियाओं से हो सकता है। हवा को प्रदूषित करने वाली प्राकृतिक घटनाओं में जंगल की आग, ज्वालामुखी विस्फोट, वायु का क्षरण, पराग का फैलाव, कार्बनिक यौगिकों का वाष्पीकरण और प्राकृतिक रेडियोधर्मिता शामिल हैं। वायु प्रदूषण के स्रोत विभिन्न स्थानों, गतिविधियों या कारकों को संदर्भित करते हैं जो वायुमंडल में प्रदूषकों को जारी करने के लिए जिम्मेदार हैं। वायु प्रदूषण के विभिन्न स्त्रोतों को चित्र 3.5 गया है। वायु प्रदूषण को आमतौर पर दो प्रकारों में वर्गीकृत किया जा सकता है।

1. **प्राकृतिक स्रोतः** प्रकृति में ऐसे कई स्रोत हैं जो वायु मण्डल को दूषित करते हैं। (1) प्राकृतिक स्रोतों में धूल (2) मीथेन, जानवरों द्वारा भोजन के पाचन द्वारा उत्सर्जित, उदाहरण के लिए, मवेशी (3) ज्वालामुखीय गतिविधि, जो सल्फर, क्लोरीन और ऐश पार्टिकुलेट का उत्पादन करती है (4) वन्यजीवों से कार्बन मोनोऑक्साइड का उत्सर्जन (5) पृथ्वी की पपड़ी के भीतर रेडियोधर्मी क्षय से रेडॉन गैस। रेडॉन एक बेरंग, गंधहीन, स्वाभाविक रूप से होने वाली, रेडियोधर्मी गैस है जो रेडियम के क्षय से बनती है। इसे स्वास्थ्य के लिए खतरा माना जाता है। प्राकृतिक स्रोतों से रेडॉन गैस इमारतों में जमा हो सकती है, खासकर तहखाने जैसे सीमित क्षेत्रों में और यह सिगरेट पीने के बाद फेफड़ों के कैंसर का दूसरा सबसे बड़ा कारण है।
2. **मानव निर्मित/मानवजनित स्रोतः** मनुष्य के विभिन्न क्रिया कलापों द्वारा वायु प्रदूषण निरन्तर बढ़ रहा है। वायु प्रदूषण के प्रमुख मानवीय स्रोत निम्न हैं -
   - **वाहनों द्वारा वायु प्रदूषणः** विभिन्न वाहनों से निकलने वाला धुँआ वायु प्रदूषण फैलाने में सबसे अधिक सहायक है। इन धुँओं में विभिन्न प्रकार की जहरीली गैसें (कार्बन डाइऑक्साइड, नाइट्रोजन ऑक्साइड, कार्बन मोनोऑक्साइड, सल्फर डाइऑक्साइड) होती हैं, जो वायुमण्डल को दूषित करने के साथ में वायु की गुणवत्ता को भी नष्ट कर देती हैं। विभिन्न वाहनों जैसे कार, ट्रक, जीप, ट्रेन और हवाई जहाजों से निकलने वाला धुआँ वायु प्रदूषण को जन्म देता है। अनुचित दहन के कारण वाहनों द्वारा निर्मित कार्बन मोनोऑक्साइड का निर्माण एक प्राथमिक प्रदूषक है। नाइट्रोजन ऑक्साइड, जो प्राकृतिक और मानव निर्मित प्रक्रियाओं के परिणामस्वरूप होता है, वायु प्रदूषण का एक और

कारण है। वायुयान से सल्फर डाइऑक्साइड, नाइट्रोजन ऑक्साइड, हाईड्रोकार्बन, एल्डिहाइड आदि विषैली गैसें निकलती हैं, जो भी वायुमण्डल के लिए काफी हानिकारक हैं।

- **तीव्र औद्योगीकरण से प्रदूषणः** बड़े-बड़े शहरों में लगे विभिन्न उद्योग भी वायु प्रदूषण को बढ़ाते हैं। ऐसे उद्योग मुख्यतः सीमेन्ट, चीनी, इस्पात, रासायनिक खाद कारखाने आदि हैं। विभिन्न उद्योगों एवं विनिर्माण कारखानों से नाइट्रोजन ऑक्साइड, कार्बन मोनोऑक्साइड, कार्बनिक यौगिकों, सल्फर-डाइऑक्साइड, धूल के कण, कैल्शियम, सोडियम, सिलिकन के कण, हाइड्रोकार्बन और रसायनों का भारी मात्रा में वातावरण में विमोचन होता है, जिससे वायु की गुणवत्ता में गिरावट आती है। पेट्रोलियम रिफाइनरियां हाइड्रोकार्बन और कई अन्य रसायनों का उत्सर्जन करती हैं जो वायु और भूमि प्रदूषण का कारण बनती हैं।
- **जीवाश्म ईंधन का जलनाः** ग्रामीण क्षेत्रों में आज भी भोजन गैर वाणिज्यिक ऊर्जा स्रोतों से पकाया जाता है इसके लिये लकड़ी, गोबर एवं कृषि कचरे का उपयोग होता है। इनसे उत्पन्न धुँआ वायु को प्रदूषित करती है। कोयला, पेट्रोलियम और इसी तरह के कारखाने जैसे जीवाश्म ईंधन के जलने से उत्सर्जित सल्फर डाइऑक्साइड वायु प्रदूषण के प्रमुख कारणों में से एक है।
- **रेडियोधर्मिताः** रेडियोधर्मी पदार्थों से अल्फा, बीटा तथा गामा विकिरण अनवरत निकलती रहती हैं, जो पृथ्वी पर रहने वाले जीवधारियों के लिये अत्यन्त हानिकारक हैं। आणविक विस्फोटों एवं आणविक हथियारों के परीक्षण के दौरान रेडियोधर्मी पदार्थों से निकलने वाले विकिरण एवं उष्मा वायुमण्डल को दूषित करती है। परमाणु ऊर्जा संयत्रों में तकनीकी एवं मानवीय त्रुटियों से भी रेडियोधर्मी विकिरण बाहर निकलते हैं जिससे वायु प्रदूषण होता हैं।

प्राकृतिक स्रोत

वाहनों द्वारा वायु प्रदूषण

औद्योगीकरण

जीवाश्म ईंधन का जलना

खनन कार्य

कृषि गतिविधियाँ

चित्र 3.5: वायु प्रदूषण के स्रोत

- **कृषि गतिविधियाँ:** कृषि में विवेकहीन कृषि रसायनों का छिड़काव करने से वायु एवं मृदा दोनों प्रदूषित हो रही हैं। यह प्रदूषित वायु मनुष्य एवं अन्य प्राणियों एवं सजीवों के लिए हानिकारक होती है।
- **विलायकों का प्रयोगः** स्प्रे, पेन्ट तथा फर्नीचर की पॉलिश बनाने में तरह-तरह के विलायकों का प्रयोग किया जाता है। अधिकांश विलायक वाष्पशील हाइड्रोकार्बन पदार्थ होते हैं। ये पदार्थ सूक्ष्म कणों तथा वाष्प के रूप में वायु में मिल जाते हैं तथा वायु को प्रदूषित करते हैं।
- **परमाण्विक ऊर्जा परियोजनाएँ:** परमाणु बमों के निर्माण में विघटनाभिक समस्थानिक तत्वों का उपयोग होता है। ये पदार्थ अस्थायी प्रकृति के होते हैं तथा उत्पन्न होने के साथ ही विघटित होना शुरू हो जाते हैं। इनका विघटन कई किरणों तथा परमाणु कणों के विकिरण के रूप में होता है। विकिरण मनुष्य तथा पेड़-पौधों दोनों के लिए घातक पाये गये हैं। बम विस्फोट के साथ

ही ये विघटनाभिक पदार्थ कण वायुमण्डल में दूर–दूर तक फैल जाते हैं तथा बाद में धीरे–धीरे अवपात के रूप में नीचे गिरते हैं।

- **वनों की कटाईः** जनसंख्या में निरन्तर वृद्धि के कारण कृषि भूमि, आवासीय भूमि, औद्योगीकरण इत्यादि मानवीय मांगों की पूर्ति बढ़ी है। जिसकी आपूर्ति वनों को काटकर की जा रही है। वनों की उपस्थिति में पर्यावरण पारिस्थितिकी तंत्र संतुलित रहता है। वनों के विनाश के कारण यह असंतुलित हो गया है।
- **ताप विद्युत गृहः** जनसंख्या वृद्धि एवं बढ़ते औद्योगीकरण के अनुपात में बिजली की मांग भी बढ़ी है जिसकी पूर्ति कोयला, प्राकृतिक गैसों, खनिज तेलों, रेडियोधर्मी पदार्थों द्वारा की जाती है। ताप बिजलीघरों में कोयले, तेल एवं गैस का ईंधन के रूप में प्रयोग होता है। इनकी चिमनियों से निकलने वाली विभिन्न गैसें, कोयले की राख के कण वायुमण्डलीय प्रदूषण के मुख्य कारक है।
- **खनन कार्यः** खनिज गतिविधि के दौरान विभिन्न विस्फोटकों का प्रयोग होता है जिससे वायु प्रदूषण होता है। विभिन्न खनिजों के उत्खनन से उत्पन्न महीन कण भी वायुमण्डल को प्रदूषित करते हैं। भूमिगत खदानों से निकलने वाली हानिकारक गैसें भी वायुमण्डल के लिये हानिकारक हैं।

वायु प्रदूषण का प्रभावः वायु प्रदूषण का प्रभाव इतना अधिक व्यापक है कि उसका विशिष्ट उल्लेख आवश्यक है। वायु प्रदूषण न केवल मानव को अपितु वनस्पति, अन्य जीवों के साथ–साथ जलवायु एवं पर्यावरण के अन्य पक्षों को भी प्रभावित करता है। वायु प्रदूषण के नकारात्मक प्रभाव को चित्र 3.8 में दर्शाया गया है।

1. **वायु प्रदूषण का मानव स्वास्थ्य पर प्रभावः** मानव अपने जीवन को बनाये रखने हेतु औसतन 8,000 लीटर वायु अंदर एवं बाहर करता है। अतः यदि वायु में अशुद्धि है अथवा उसमें प्रदूषक तत्वों का समावेश है तो वह श्वास द्वारा शरीर में पहुँच कर विभिन्न प्रकार से प्रभावित करती है और अनेक भयंकर रोगों का कारण बन जाती है। वायु प्रदूषण मनुष्य के स्वास्थ्य पर निम्न हानिकारक प्रभाव डालता है।

   - प्रदूषित वायु से श्वसन तंत्र प्रभावित होता है। अस्थमा, श्वसनी शोध, गले का दर्द, निमोनिया जैसे श्वसन रोग इसी के प्रतिफल हैं (चित्र 3.6)
   - प्रदूषण के कारण कैंसर, हृदय रोग, उच्च रक्त चाप जैसी बीमारियां भी बड़े पैमाने पर हो रही हैं (चित्र 3.6)
   - वायु प्रदूषण के कारण शरीर के महत्वपूर्ण अंग दिल और मस्तिष्क प्रभावित होते हैं और दिल का दौरा पड़ने की घटनाओं में भी वृद्धि होती है।

- वायु में मिला कार्बन मोनोऑक्साइड रक्त में प्रवेश कर जाता है और तत्काल ऑक्सीजन का स्थान ले लेता है। यह हीमोग्लोबिन से मिलकर कार्बोक्सि हीमोग्लोबिन का निर्माण करता है जो शरीर के सभी महत्वपूर्ण अंगों को नुकसान पहुँचाता है।
- सीसा, पारा और कैडमियम के प्रभाव के कारण रक्तचाप बढ़ सकता है तथा अनेक प्रकार के हृदय रोग हो सकते हैं। कैंसर, हृदय रोग, मधुमेह आदि के लिए वायुमंडल में सल्फर डाई-ऑक्साइड और नाइट्रोजन डाई-ऑक्साइड की अधिकता को भी जिम्मेदार ठहराया जा सकता है। सल्फर डाइ-ऑक्साइड से एम्फायसीमा नामक रोग भी हो सकता है।

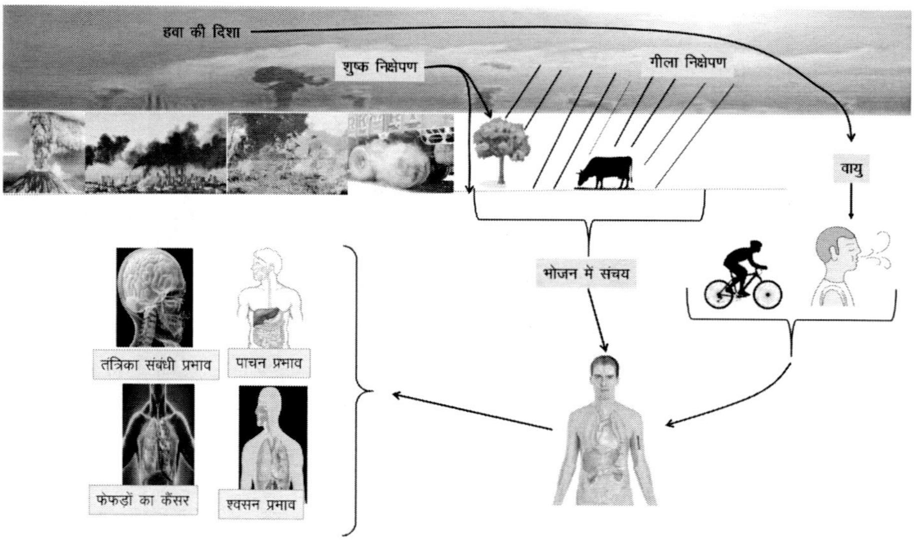

चित्र 3.6: वायु प्रदूषण का मानव स्वास्थ्य पर प्रभाव

तालिका 3.3: स्वास्थ्य पर प्रमुख वायु-प्रदूषकों के प्रभाव

प्रदूषकों के नाम	स्रोत	स्वास्थ्य पर प्रभाव
नाइट्रोजन ऑक्साइड	साफ्ट कोल, मोटर वाहनों का उत्सर्जन	आंखों में जलन, रूधिर की ऑक्सीजन वहन-क्षमता में कमी, फेफड़ों की कार्यक्षमता में कमी और श्वास-नली में शोथ या ब्रॉनकाइटिस, खांसी, दमा इन्फलूएंजा
निलंबित कणिकीय द्रव्य/धूल	घरेलू, औद्योगिक और वाहनों से निकलने वाला धुआं (सूट)।	दृश्यता में कमी, फेफड़ों में धूल (न्यूमोकोनियोसिस) आदि जमना, अस्थमा, कैंसर और फेफड़ों के अन्य रोग हो जाते हैं। जलन, रोगक्षम प्रतिरक्षा व्यवस्था में बदलाव, फुप्फुस (pulmonary) की कार्यशक्ति में गिरावट, हृदय और फेफड़ों पर असर।

कार्बन मोनो ऑक्साइड	मोटर वाहनों द्वारा छोड़े जाना वाला धुआं। इस्पात के कारखाने, कोयला और तेल की भट्टियां	श्वासावरोधन (asphyxiation), हृदय तथा मस्तिष्क को क्षति, दुर्बल अवगम (impaired perception), रूधिर बढ़ाव में प्रतिरोध, कमजोरी, थकावट, सिरदर्द तथा हड्डियों की कमजोरी होना।
सल्फर के ऑक्साइड	स्मैल्टर्स कोयला और तेल के प्रज्जवलन से	खांसी, दम घुटना, श्लेषमा अस्तर (lining) तथा फेफड़ों में जलन, सांस का फूलना, ऊतक-तरलों का इकट्ठा हो जाना, पुराना श्वसनी शोध, फुस्फुसीय तंतुमयता (fibrosis), तीव्र तथा पुराना दमा और वातस्फीति इत्यादि ।
प्रकाश-रासायनिक ऑक्सीकारक जैसे ओजोन	प्रकाश की उपस्थिति में नाइट्रोजन के आक्साइड्स और हाइड्रोंकार्बन्स से प्राप्त	आंखें दुखना, खांसी तथा छाती में दर्द, फेफड़ों की कार्यक्षमता में कमी, वातस्फीति, तंतुमयता, श्वसनी ऊतक और फेफड़ों की कार्यशक्ति में गिरावट, दाएं हृदय की गति रूक जाना।
बेन्जोपाइरीन	–	कैसर के कारण मृत्यु।

वायु प्रदूषण के कई लक्षण रोगों के रूप में दिखाई पड़ते हैं जैसे कि श्वसनी मरोड़, पुराना श्वसनी शोथ, दमा, वातस्फीति, फुस्फुस धूलिमयता (pulmonary fibrosis)। इन मुख्य रोगों का संक्षेप में वर्णन नीचे दिया जा रहा हैं।

- **श्वसनी मरोड़ या आकुंचन (Bronchospasm):** प्रदूषकों के द्वारा अधिक उत्तेजन से जब श्वसनिकाओं की पेशियों में शोथ (inflammation) हो जाता है तब श्वसनिकाएँ अवरूद्ध हो जाती है अतः फेफड़ों से वायु के निकलने में रुकावट पैदा हो जाती है इस स्थिति को श्वसनी मरोड़ कहते है।

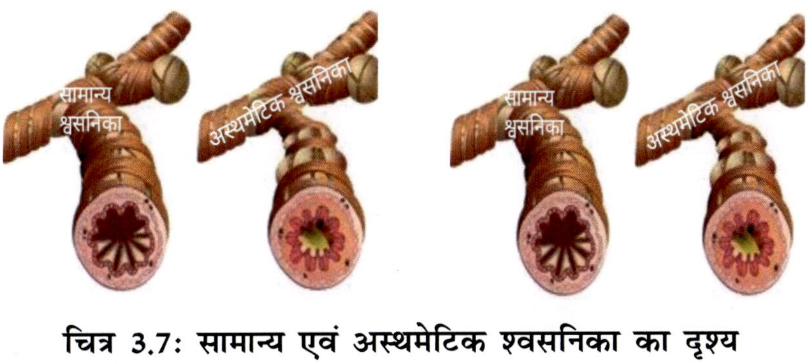

चित्र 3.7: सामान्य एवं अस्थमेटिक श्वसनिका का दृश्य

- **पुराना श्वसनी शोथ (Chronic Bronchitis):** इसका कारण है श्वसनियों के अस्तर में शोथ तथा शोफ (edema) उत्पन्न होना और इसके लक्षण हैं अधिक

म्यूकस उत्पादन और खाँसी। रोग की गंभीर अवस्था में छोटी श्वासनिकाएँ नष्ट हो जाती हैं। पुराना श्वसनी शोथ की अगली अवस्था वातस्फीति है।

- **वातस्फीति (Emphysema):** कृपिकाओं की दीवारें नष्ट हो जाने से अलग-अलग कृपिकाएँ जुड़ कर बड़ी थैलियाँ बना देती हैं जैसा कि ऊपर चित्र में दिखाया गया है। इससे फेफड़ों में वायु के विनिमय के लिए उपलब्ध सतह का कुछ क्षेत्र कम हो जाता है।
- **फुप्फुसीय तंतुमयता (Pulmonary Fibrosis):** चूँकि धूल के कणों को कृपिकाओं के बृहत् भक्षकाणु (macrophages) बाहर नहीं निकाल सकते। इसलिए यह कण अनेक वर्षों तक वहीं पड़े रहते हैं और धीरे-धीरे उनके ऊपर कुछ तंतुमय ऊतक निक्षेपित हो जाते हैं इसी को तंतुमयता कहते हैं जिसके कारण फेफड़ों की कार्यशक्ति घट जाती है।
- **पुराना एवं बिगड़ा हुआ दमा (Chronic and Aggravated Asthma):** दमा एलर्जी की एक दशा है जो आमतौर पर बाह्य पदार्थों द्वारा कुछ हद तक मनुष्य में भावुकता से अधिक आवेश की परिस्थिति में शुरू हो जाती है। इसमें श्वसनी मरोड़ के कारण वायु मार्ग सिकुड़ जाते हैं। इसलिए वायु फेफड़ों में फंसी रह जाती है क्योंकि व्यक्ति उसे निश्वास के समय बाहर नहीं निकाल पाता। उत्तेजक प्रदूषक और कणकीय पदार्थ जैसे आटा, कोयला, टेल्कम पाउडर, ऐसबेस्टॉस की धूल इत्यादि दमे को तीव्र कर देते हैं। लगातार इनके संपर्क में रहने से दमे के रोगी में चिरकालीन दमा हो जाता है। गंभीर स्थिति होने पर साँस लेना कठिन हो जाता है और अकसर ऐसी दशा बने रहने पर मृत्यु हो जाती है।
- **धूल से उत्पन्न रोग (Dust Diseases or Pneumoconioses):** यह खास प्रकार के प्रदूषकों की धूल के कणों, जिनका आकार 0.5 से 5 माइक्रोमीटर तक हो, साँस द्वारा ग्रहण करने के कारण होते हैं। विभिन्न पदार्थों की धूल से होने वाले रोगों को तालिका 3.4 में दिया गया है।

तालिका 3.4: धूल से उत्पन्न रोग

क्र.स.	रोगों के नाम	कारण	टिप्पणी
1.	सिलिकोसिस	सिलिका के फेफड़ों में निक्षेपण से	वे मनुष्य जो खान, मिट्टी के बर्तन (potteries) संधानशाला (foundaries), पत्थर कटाई, परिष्करण (finishing) और काँच बनाने वाले कारखानों में कार्य करते हैं।
2.	बाइसिनोसिस	कपास के तंतु, फ्लैक्स, सन	
3.	बैगैसोसिस	ईख के तंतु	
4.	ऐसबेस्टासिस	एसबेस्टस के कणों के फेफड़ों में जमा होने से	ये उन मनुष्यों में ज्यादातर होता है जो एसबेस्टस के साथ काम करते हैं।
5.	एन्थ्रोकोसिस	कोयले के कणों की धूल	
6.	टैल्कोसिस	टैल्कम पाउडर	

2. **वायु प्रदूषण का वनस्पति पर प्रभाव:** वायु प्रदूषण का वनस्पति पर विशेषकर अम्लीय वर्षा, धूम कुहरा, ओजोन, कार्बन मोनोऑक्साइड, सल्फर डाईऑक्साइड, फ्लोराइड आदि का भी विपरीत प्रभाव पड़ता है। वायु प्रदूषण के कारण पौधों को प्रकाश कम मिलता है अत: उनकी प्रकाश संश्लेषण क्रिया पर विपरीत प्रभाव पड़ता है। जो पौधें धूम कुहरे के क्षेत्र में पनपते हैं उनका विकास कम होता है। प्रकाश रासायनिक धूम-कुहरे के कारण उत्पन्न ओजोन और नाइट्रेट ऑक्साइड वनस्पति के लिये अत्यधिक हानिकारक होते हैं, इससे उनकी पत्तियाँ विकृत एवं सफेद होकर गिरने लगती है। पौधों की वृद्धि प्रभावित तो होती ही है, उनसे होने वाला उत्पादन भी घट जाता है। इसके अलावा वायु प्रदूषण के कारण पत्तियों में विद्यमान स्टोमेटा को धूम्रकण अवरूद्ध कर देते है जिससे पौधों की जीवन सम्बंधी प्रक्रिया बाधित होती है।

तालिका 3.5: भारत में वायु प्रदूषण से विभिन्न फसलों में आर्थिक नुकसान

फसलें/किस्म	आर्थिक क्षति (₹ हैक्टेयर$^{-1}$)	प्रदूषक शासन (पीपीबी)		
		SO_2	NO_2	O_3
गेहूँ				
M 234	23846	8	40	42
PBW 343	1620	11	20	45
M 533	1641	11	20	45
M510	14040	-	-	47
सोनालिका	5389	-	-	47
लेक-1	5055	6.1	13	48
HD2329	12505-17995	18-45	28-47	10-15
M234	4156	-	-	44
एम 468	11016	-	-	44
एम 510	8964	-	-	44
PBW 343	1080	-	-	44
सोनालिका	5724	-	-	44
HD 2329	13176	8.5	13.5	29
चावल				
NDR 97	4246	7.3	14.5	35
सोरभ 950	1972	7.3	14.5	35
सरसों				
क्रांति	7481	6.1	13	48
आशीर्वाद	8445	6.1	13	48
वरदान	3587	6.1	13	48
पूसा जयकिसान	1208-5453	18-45	28-47	10-15
उड़द				
बरखा	3096	-	-	51
शेखर	1135	-	-	51
सोयाबीन				
पूसा 9712	9907	-	-	52
पूसा 9814	7776	-	-	52

मटर				
Arkel	19012-30550	18-45	28-47	10-15
मूंग				
मालवीय जागृति	7860-13244	13-32	12-80	10-58
मालवीय जनप्रिया	5972	9	17.5	59

स्रोतः राय एवं साथी, 2011

3. **वायु प्रदूषण का जीव-जन्तुओं पर प्रभावः** मानव के समान पशुओं एवं अन्य जीवों पर भी वायु प्रदूषण का हानिकारक प्रभाव पड़ता है। जीव-जन्तु वायुमण्डल से वायु ग्रहण करते हैं अतः प्रदूषण से विषाक्त पदार्थ जीव जन्तुओं के शरीर में पहुँच कर विपरीत प्रभाव डालते है।

4. **वायु प्रदूषण का वायुमण्डल पर प्रभावः** वायु प्रदूषकों का सर्वाधिक प्रभाव वायुमण्डल पर पड़ता है। विभिन्न जहरीली गैसें, कणीय पदार्थ इत्यादि वायु प्रदूषकों से वायुमण्डल के आदर्श गैसीय संगठन में परिवर्तन हो जाता है। विभिन्न वायु प्रदूषकों का वायुमंडल पर प्रभाव को तालिका 3.6 में नीचे दिया गया है।

तालिका 3.6: वायु प्रदूषकों का वायुमंडल पर प्रभाव

गैस	स्रोत	ग्रीनहाउस प्रभाव	ओजोन का क्रमिक ह्रास	अम्ल का जमाव	दृश्यता में कमी	धुंध	वायुमंडल की स्व-सफाई में कमी
CO	जीवाश्म ईंधन का दहन, बायोमास जलना						+
CO_2	जीवाश्म ईंधन, वनों की कटाई	+	+/-				
CH_4	चावल का खेत, मवेशी, लैंडफिल, जीवाश्म ईंधन का उत्पादन	+	+/-				
NO	जीवाश्म ईंधन का दहन, बायोमास जलना		+/-	+	+	+	-
NO_2	जीवाश्म ईंधन का दहन, बायोमास जलना		+/-				
N_2O	जीवाश्म ईंधन का दहन, बायोमास जलना, वनों की कटाई, नाइट्रोजन उर्वरक का दहन	+	+/-				
SO_2	जीवाश्म ईंधन का दहन, अयस्क का गलाना	-		+	+		

CFC	एरोसोल स्प्रे, रेफ्जिरेंट	+	+				
O_3	वाहन निकास, सूर्य के प्रकाश की उपस्थिति में जटिल रासायनिक प्रतिक्रिया द्वारा हाइड्रोकार्बन और नाइट्रोजन के ऑक्साइड के बीच उत्पादित, आदि।	+				+	-

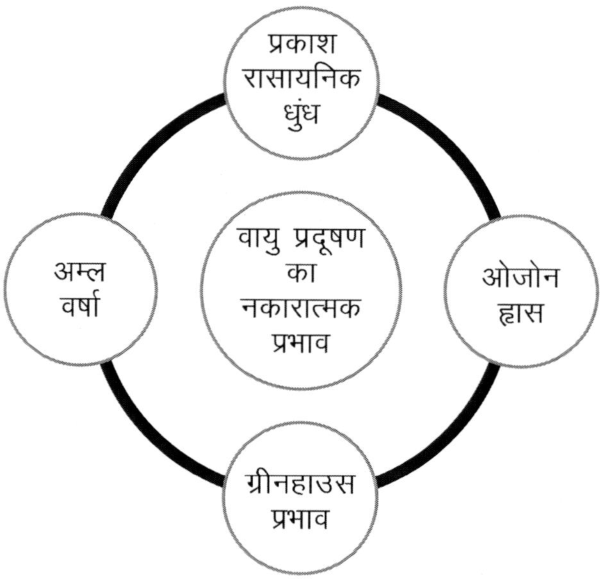

चित्र 3.8: वायु प्रदूषण के नकारात्मक प्रभाव

अम्लीय वर्षा

घातक गैसें जैसे सल्फर डाइ ऑक्साइड, सल्फर ट्राई ऑक्साइड तथा नाइट्रोजन ऑक्साइड आदि, जो वायु प्रदूषण के कारण वायुमण्डल में विद्यमान रहती हैं। ये गैसे वायुमंडल में मौजूद पानी से प्रतिक्रिया कर सल्फ्यूरिक अम्ल तथा नाइट्रिक अम्ल का निर्माण करती है जिसके कारण होने वाली वर्षा के पानी का पीएच मान सामान्य से कुछ कम (लगभग 6.5) होता है। इस तरह की वर्षा को अम्लीय वर्षा कहा जाता है। अम्लीय वर्षा वायु प्रदूषण का विनाशक परिणाम है। इसकी खोज सन् 1850 में रॉबर्ट एंगस स्थिम ने मैनचेस्टर में की थी। अम्लीय वर्षा में अम्लों का प्रतिशत इतना बढ़ जाता है कि वह पेड़-पौधों एवं इमारतों को गंभीर नुकसान पहुँचाने लगते हैं और वर्तमान समय में औद्योगिक प्रगति के

साथ-साथ यातायात और ऊर्जा उत्पादन के साधनों का उपयोग बहुत बढ़ गया है। दैनिक जीवन में जीवाश्म ईधन अर्थात् पेट्रोलियम पदार्थों और कोयला का उपयोग बढ़ता ही जा रहां है। दैनिक जीवन में जीवाश्म ईधन के जलाने से सल्फर डाइऑक्साइड और नाइट्रोजन डाइऑक्साइड की मात्रा बढ़ रही है। यह क्रम वर्षों से चल रहा है।

अम्लीय वर्षा के प्रमुख स्रोत

कोयले के जलने, विद्युत संयंत्रों एवं पेट्रोलियम शोधन से सल्फर डाइऑक्साइड गैस निकलती है। इसी के साथ कुछ मात्रा में सल्फर ट्राइऑक्साइड भी निकलती है। प्राकृतिक स्रोतों जैसें ज्वालामुखी से भी सल्फर डाइऑक्साइड गैस निकलती है। हाइड्रोजन सल्फाइड गैस प्राकृतिक रूप से सल्फर को अपचयित करने वाले जीवाणुओं से प्राप्त होती है तथा दलदली भूमि से निकलती रहती है। यह गैस जीवाश्म ईधनों के आंशिक रूप से जलने एवं अनेक उद्योगों में द्वितीयक उत्पाद के रूप में प्रकट होती है। नाइट्रोजन की विभिन्न ऑक्साइड गैसें अनेक जीवाश्म इंधनों के ज्वलन तथा विस्फोटक उद्योगों से निकलकर वायुमण्डल में मिल जाती हैं। वायुमंडल में अम्लीय वर्षा के लिए जिम्मेदार विभिन्न गैसे निम्नलिखित स्रोतो से उत्सर्जित होती है।

1. ऑटोमोबाइल तथा स्वचालित वाहन
2. कोयला आधारित ताप विद्युत गृह
3. खनिज तेल शोधनशाला
4. जीवाश्म ईंधन जैसे कोयला पेट्रोलियम तथा लकड़ी का दहन
5. ज्वालामुखी विस्फोट

तालिका 3.7: अम्लीय गैसों और उनके उत्सर्जन स्रोत

अम्लीय गैसें	**स्रोत**
कार्बन डाइऑक्साइड	जीवाश्म ईंधन के जलने से, औद्योगिक प्रक्रियाओं, श्वसन
मीथेन	धान के खेत, आर्द्रभूमि, गैस ड्रिलिंग, भूमिभरण, पशुओं, दीमक
कार्बन मोनोऑक्साइड	बायोमास का जलना, औद्योगिक स्रोत, जीवातजनन (Biogenesis), पादप आइसोप्रीन
सल्फर डाइऑक्साइड	जीवाश्म ईंधन जलाने, औद्योगिक स्रोतों, ज्वालामुखी, महासागर, कोयले के जलने, विद्युत संयंत्रों एवं पेट्रोलियम शोधन
नाइट्रोजन ऑक्साइड	जीवाश्म ईंधन जलाने, बिजली, बायोमास जल, महासागरों, बिजली संयंत्र

अम्ल वर्षा प्रक्रिया

अम्ल वर्षा का मुख्य कारण वायुमंडल में हवा के प्रदूषण के कारण होता है। वायुमंडल की शुद्ध हवा में जब कोई अनावश्यक तत्व जैसे गैस आदि मिल जाती है जिसके कारण वायु प्रदूषण हो जाता हैं जो अम्ल वर्षा का कारण बनता हैं। यह प्रदूषण कारखानों की चिमनियों से निकलने वाले धुआँ, सड़कों पर चलने वाले वाहन, यातायात के साधन और प्लास्टिक या विषैले पदार्थों के जलने से निकलने वाले धुएँ के कारण होता हैं। अम्ल वर्षा का प्रमुख कारण सल्फर डाइऑक्साइड और नाइट्रोजन ऑक्साइड होता हैं। वायुमंडल में सल्फर डाइऑक्साइड और नाइट्रोजन ऑक्साइड मिलकर पानी के साथ रासायनिक अभिक्रिया कर लेते हैं जो कि अम्लीकरण का कारण बनता है। यह दोनों मिलकर पानी के साथ नाइट्रिक अम्ल और गंधक का तेजाब बनाते हैं।

SO_2 + जल वाष्प + ओजोन $\rightarrow H_2SO_4$

NO + धूप + $O_2 \rightarrow NO_2$ + विभिन्न वायुमंडलीय गैसों $\rightarrow HNO_3$

वायुमंडल से पृथ्वी के सतह पर होने वाले सूखे और गीले अम्लीय जमाव के मिश्रण से अम्ल वर्षा का निर्माण होता है। अगर हवा में मौजूद अम्लीय केमिकल बहकर उन जगहों पर चले जाते हैं जहां का मौसम गीला हो, तब वहाँ के मौसम में मिश्रित होकर यह केमिकल धुंध, वर्षा, बर्फ, कोहरा आदि के रूप में धरती पर गिरते हैं। इसे ही अम्ल का गीला जमाव कहते है। जहां का मौसम सूखा हो, वहाँ अम्लीय केमिकल धूल या धुआं में मिल जाते हैं और भवन, वनस्पति या वाहनों आदि पर जाकर चिपक जाते हैं। इसे अम्ल का सूखा जमाव कहते है। फिर बारिश के दौरान यह बह जाते हैं, जिससे वातावरण अधिक अम्लीय हो जाता है।

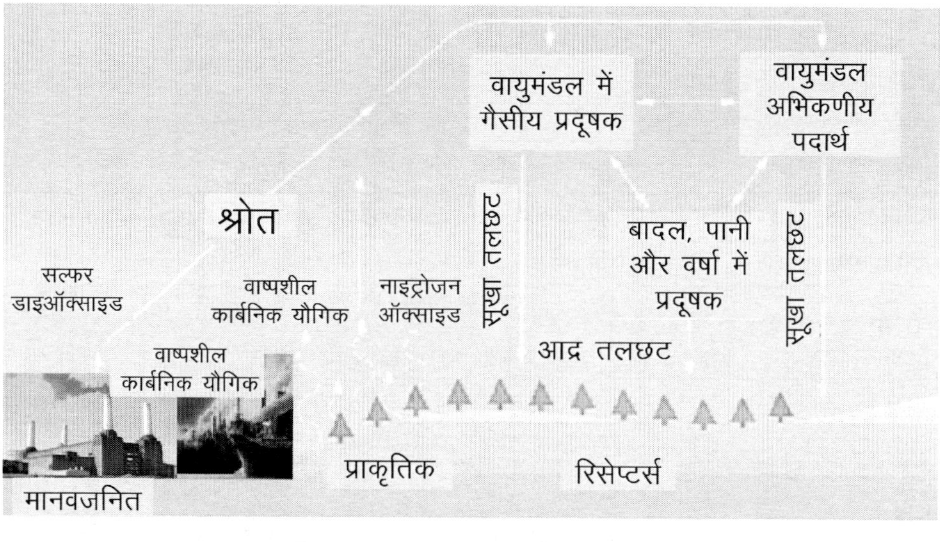

चित्र 3.9: अम्ल वर्षा प्रक्रिया

अम्लीय वर्षा के प्रभावः अम्लीय वर्षा के पर्यावरण पर पड़ने वाले परिणाम गंभीर एवं दूरगामी होते हैं जो निम्न प्रकार हैं-

1. अम्लीय वर्षा से त्वचा रोग तथा एलर्जी होती है।
2. यह जल, स्थल, वायु, वनस्पतियों, जीव जन्तुओं एवं इमारतों सभी को क्षति पहुँचाती है।
3. जल निकायों का पानी अत्यधिक अम्लीय हो जाता है जिसे अम्ल सदमा कहते हैं। इससे पानी में रहने वाले जीव प्रभावित होते हैं।
4. जल निकायों जैसे झीलों, तालाबों आदि से पानी रिस कर भू-गर्भ में स्थित विभिन्न धातुओं जैसे एल्युमिनियम, तांबा, कैडमियम आदि से क्रिया करके विभिन्न जहरीले यौगिक बनाते है जो प्राणियों को प्रभावित करते हैं।
5. अम्लीय जल से अतिसार एवं पेचिश जैसे रोगों की संभावना बढ़ती है।
6. इससे दमा तथा कैंसर का भय होता है।
7. इससे पौधों की वृद्धि में कमी आती है।
8. पौधों की पत्तियों में उपस्थित पर्णहरित का विघटन हो जाता है जिससे पत्तियों का रंग परिवर्तित हो जाता है।
9. पौधों की पत्तियाँ, पुष्प एवं फल असमय झड़ जाते हैं।
10. अम्लीय जल के प्रभाव से मृदा का अम्लीय स्तर बढ़ जाता है परिणामस्वरूप मृदा के खनिज पोषक तत्व नष्ट हो जाते है जिससे मृदा की उर्वरता में कमी आती है एवं उत्पादन क्षमता भी कम हो जाती है।
11. वृक्षों की पत्तियों के स्टोमेटा बंद हो जाते हैं जिससे इन वृक्षों की अनेक जैविक क्रियाएं मंद पड़ जाती है।
12. कई ऐतिहासिक इमारते भी अम्ल वर्षा के कारण क्षय होने लगती हैं। लाइमस्टोन एवं संगमरमर से बने ईमारत इनके कारण धीरे धीरे नष्ट होने लगते हैं। प्राचीन इमारतों का क्षरण होता है जिसे ''स्टोन कैंसर'' कहते हैं। आगरा में मौजूद ताजमहल को अम्ल वर्षा के कारण काफी नुकसान झेलना पड़ा है।

अम्लीय वर्षा के संभावित समाधान

1. अम्लीय वर्षा के लिए उत्तरदाई सल्फर डाइऑक्साइड तथा नाइट्रोजन ऑक्साइड के उत्सर्जन को प्रभावी ढंग से नियंत्रित किया जाना चाहिए। उद्योगों में फिल्टर तथा आदर्श टैंक निर्मित किया जाना चाहिए।

2. ऊर्जा के गैर परंपरागत स्रोत जैसे सौर ऊर्जा, पवन ऊर्जा को अधिकाधिक बढ़ावा दिया जाना चाहिए।
3. स्वचालित वाहनों की समय-समय पर प्रदूषण जाँच कराई जानी चाहिए तथा व्यक्तिगत वाहनों के प्रयोग को कम से कम किया जाना चाहिए।
4. विश्व भर में अम्लीय वर्षा के दुष्प्रभावों के बारे में लोगों को सजग करना चाहिए।
5. पेयजल स्रोतों का अम्लीय वर्षा से हुए दुष्प्रभाव को कम करने के लिए उचित प्रक्रिया से जल शोधन किया जाना चाहिए।
6. ऐसे वाहन जो एक तय सीमा से अधिक वायु में सल्फर डाइऑक्साइड तथा नाइट्रोजन ऑक्साइड आदि गैसों का उत्सर्जन करते है उनके आवागमन पर तुरन्त रोक लगाई जाए और पब्लिक ट्रांसपोर्ट को अधिक बढ़ावा दिया जाए। जिससे वायु में सल्फर डाइऑक्साइड तथा नाइट्रोजन ऑक्साइड आदि गैसों का उत्सर्जन कम होगा और अम्ल वर्षा की सम्भावना कम हो जायेगी।

वैश्विक तापमान (ग्लोबल वार्मिंग): पिछले कुछ दशकों में मानवीय क्रियाओं जैसे-औद्योगिकरण एवं जनसंख्या वृद्धि से वायुमण्डलीय प्रदूषण की समस्या इतनी अधिक गंभीरता से सामने आई है कि इसने जलवायु को गंभीरता से प्रभावित किया है। इसके साथ ही मानवीय कारणों से वातावरण में ग्रीनहाउस गैसों की बढ़ती मात्रा वैश्विक तापन एवं जलवायु परिवर्तन का कारण बन गयी है तथा समुद्र स्तर में वृद्धि के साथ-साथ प्रकृति पर विभिन्न प्रकार के अलग-अलग प्रभाव दर्ज किये जा रहे हैं।

कुछ ग्रीनहाउस गैसें प्राकृतिक रूप से वायुमंडल में होती हैं, जबकि अन्य का परिणाम मानवीय गतिविधियों से होता है। स्वाभाविक रूप से, ग्रीनहाउस गैसों में जल वाष्प, कार्बन डाइऑक्साइड, मीथेन, नाइट्रस ऑक्साइड, वाष्प कण, क्लोरोफ्लोरोकार्बन और ओजोन शामिल हैं। जब ये वायुमंडलीय गैसें पृथ्वी से बाहर जाने वाले अवरक्त विकिरणों (Infra red rediations) का मार्ग बाधित कर देने में समर्थ होती हैं। पृथ्वी द्वारा उत्सर्जित अवरक्त विकिरण (रेडिएशन) इन गैसों के बीच से नहीं निकल सकता। जिसके कारण यह नीचे ही फंस कर तापीय ऊर्जा या वातावरण में गर्मी में परिवर्तित हो जाता है। इस प्रकार से वैश्विक वायुमंडल के तापमान में वृद्धि हुई है। इन गैसों को ग्रीनहाउस (Greenhouse) गैसों के नाम से जाना जाता है और इनके द्वारा उत्पन्न उष्णता को ग्रीनहाऊस प्रभाव कहा जाता है।

ग्रीनहाउस गैसः कोई भी गैस जो सूर्य से आने वाले लघुतरंगीय विकिरण को तो पृथ्वी पर आने देती है, लेकिन पृथ्वी से वापस जाने वाले दीर्घतरंगीय विकिरण को अवशोषित कर पृथ्वी के तापमान को बढ़ा देती है, ग्रीनहाउस गैस कहलाती है।

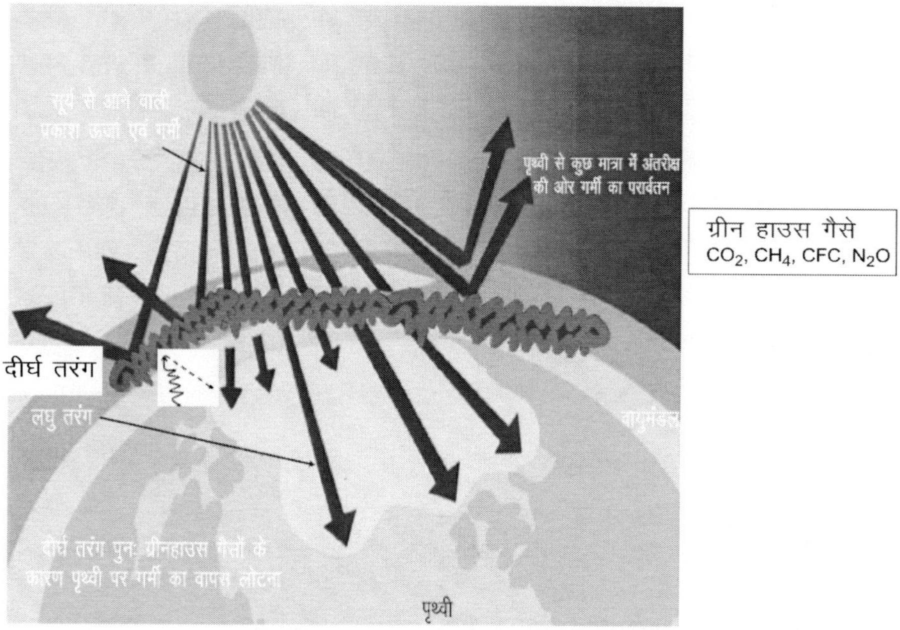

चित्र 3.10: ग्लोबल वार्मिंग

ग्रीनहाउस प्रभाव

पृथ्वी के वायुमंडल में उपस्थित ग्रीनहाउस गैसों के कारण पृथ्वी से उत्सर्जित होने वाले ताप के अवशोषण और वायुमंडलीय तापमान में वृद्धि की घटना को ग्रीनहाउस प्रभाव कहते हैं।

प्रमुख ग्रीनहाउस गैसें और उनके स्रोत

1. **कार्बन डाइऑक्साइड (CO_2):** कार्बन डाइऑक्साइड ग्रीनहाउस गैस का सबसे महत्वपूर्ण गैस है। वायुमंडल में पाए जाने वाले कार्बन डाइऑक्साइड का प्राकृतिक स्त्रोत ज्वालामुखियों से निकलने वाला धुंआ, कार्बन से बना कोई भी पदार्थ जलता है तो भी कार्बन डाइऑक्साइड पैदा होता है।
2. **मीथेन (CH_4):** मीथेन, दूसरी सबसे ज्यादा जरुरी ग्रीनहाउस गैस है। ये कार्बन डाइऑक्साइड की तुलना में ज्यादा शक्तिशाली होता है। वैसे ये कार्बन डाइऑक्साइड की तुलना में कम सान्द्रता में मौजूद रहता है। इसके अलावा मीथेन गैस कार्बन डाइऑक्साइड की तुलना में बहुत कम समय के लिए रहता है। मीथेन गैस मुख्य रूप से उष्णकटिबंधीय इलाके और उत्तरी वेस्टलैंड में उत्पन्न होते हैं।
3. **ओजोन (O_3):** ओजोन एक प्राकृतिक गैस है जो ऑक्सीजन के 3 अणुओं से मिलकर बना होता है। ये भी एक प्रमुख ग्रीनहाउस गैस है। सतह पर ये सूर्य प्रकाश

की मौजूदगी में हाइड्रोकार्बन और नाइट्रोजन ऑक्साइड के रिएक्शन की वजह से बनता है। ओजोन वायुमंडल के दोनों सतह पर मौजूद होता है जहाँ ये सूरज से आने वाले पराबैंगनी किरणों से हमारी पृथ्वी की सुरक्षा करता है।

4. **नाइट्रस ऑक्साइड (N_2O) और फ्लुओरिनेटेड गैसें:** अन्य गैसे जो इसमें शामिल है उनमें से अधिकतर इंडस्ट्रियल एक्टिविटी द्वारा पैदा होती हैं जिनमें से नाइट्रस ऑक्साइड और फ्लुओरिनेटेड गैसें जिसे हेलोकार्बन भी कहते हैं, शामिल है। इसमें जो अन्य गैसें होती है वो हैं क्लोरोफ्लोरोकार्बन, सल्फर हेक्सा फ्लोराइड, हाइड्रो फ्लुओरोकार्बन और परफ्लुओरोकार्बन।

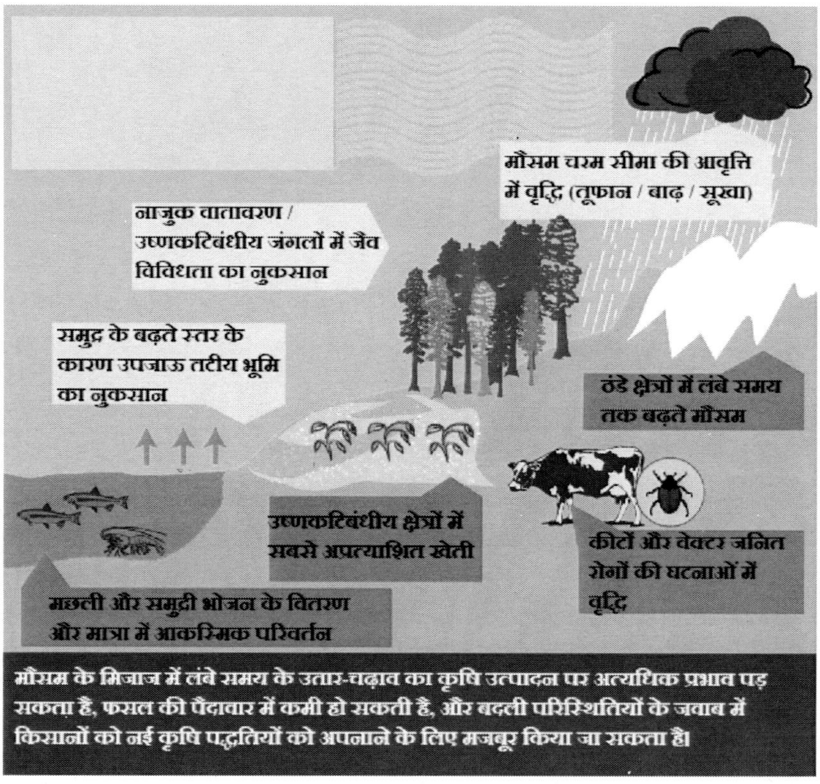

चित्र 3.11: कृषि पर ग्लोबल वार्मिंग के कुछ प्रभाव

ओजोन का क्षरण

ओजोन (O_3) एक उच्च प्रतिक्रियाशील अणु है जो ऑक्सीजन के तीन परमाणुओं से युक्त है। पृथ्वी के वायुमंडल की ऊपरी सतह, जो 10 से 50 किमी. के बीच पृथ्वी से ऊपर की सतह पर होती है, उसे समतापमंडल (stratosphere) कहते हैं। इसमें ओजोन की

एक पतली परत होती है। यह ओजोन परत सूर्य से आने वाली घातक पराबैंगनी विकिरण रोकने के लिये एक प्राकृतिक फिल्टर के रूप में कार्य करती है। ओजोन परत के क्षरण का वैज्ञानिक एवं प्रमाणिक ज्ञान सबसे पहले अमेरिकी वैज्ञानिक शेरवुड रॉलैंड और मेरिओं मोलिना ने 1973 में बताया था। उन्होंने कहा कि ओजोन परत को मानव निर्मित गैस क्लोरोफ्लोरोकार्बन (CFC) नष्ट कर सकती है। 1983 और 1984 में अमेरिकी उपग्रह निम्बस ने ओजोन परत का काफी नजदीक से अध्ययन किया। 1987 में शोध द्वारा यह सिद्ध हुआ कि क्लोरीन गैस ओजोन अणुओं को जब्त कर लेता है। अप्रैल 1991 में नासा ने बताया कि गत एक दशक में ओजोन परत का 4.5 से 5 प्रतिशत तक ह्रास हुआ है।

ओजोन अपक्षय का अर्थ समतापमंडल में ओजोन की मात्रा की कमी है। ओजोन अपक्षय की समस्या का कारण समतापमंडल में क्लोरीन और ब्रोमीन के ऊँचे स्तर से हैं। इन यौगिकों के मूल है, क्लोरोफ्लोरोकार्बन्स (CFC) जिनका प्रयोग रेफ्रिजरेटर और एयरकंडीशन को ठंडा रखने वाले पदार्थ या एरोसोल प्रोपेलेन्ट्स में तथा अग्निशामकों में प्रयुक्त किए जाने वाले ब्रोमोफ्लोरोकार्बन्स में होता है। ओजोन स्तर के अपक्षय के परिणामस्वरूप पराबैंगनी विकिरण (UV) पृथ्वी पर पहुँच जाती हैं और जीवों को क्षति पहुँचाती हैं। चूँकि ओजोन स्तर सर्वाधिक हानिकारक पराबैंगनी किरणों को पृथ्वी के वायुमंडल में आने से रोकता है, इसलिए अनुमानित ओजोन का अपक्षय विश्व के सामने एक चिंता का विषय है।

ओजोन परत के अपक्षय के कारण

ओजोन परत (O_3) को मानव तथा प्राकृतिक-दोनों कारणों से नष्ट किया जा सकता है:-

1. **प्राकृतिक कारण:** प्रकृति से उत्पन्न कई पदार्थ समतापमंडलीय ओजोन को नष्ट कर देते हैं। इनमें सबसे अधिक महत्त्वपूर्ण यौगिक हैं:- हाइड्रोजन ऑक्साइड, मीथेन, हाइड्रोजन गैस, नाइट्रोजन ऑक्साइड, क्लोरीन मोनोऑक्साइड, ज्वालामुखी फटने के समय, क्लोरीन की महत्त्वपूर्ण मात्रा समतापमंडल में छोड़ी जा सकती है। समतापमंडल के छोटे कण जिन्हें समतापमंडलीय एरोसोल कहा जाता है, भी ओजोन के विनाश का कारण बन सकता है।

2. **मानव गतिविधियों से संबंधित कारण:** ऐसी घटना, जिससे वायुमंडल में क्लोरीन परमाणु उत्सर्जित होते हैं वह ओजोन-विनाश का गंभीर कारण बन सकते हैं क्योंकि समतापमंडल में क्लोरीन परमाणु बड़ी कुशलता से ओजोन को नष्ट कर सकते हैं। इन ऐजेंटों में से सबसे विनाशकारी मनुष्य द्वारा निर्मित क्लोरोफ्लोरोकार्बन (CFC) हैं जिनका प्रयोग व्यापक रूप से प्रयोग प्रशीतलन (Refrigerants) में तथा छिड़काव करने वाली बोतलों को दाबानुकूलित करने के लिये किया जाता है। समतापमंडल

में क्लोरोफ्लोरोकार्बन में क्लोरीन परमाणु ओजोन के साथ प्रतिक्रिया करके क्लोरीन मोनोऑक्साइड और ऑक्सीजन अणु बन जाते हैं।

$$Cl + O_3 \rightarrow ClO + O_2$$

क्लोरीन मोनोऑक्साइड तब ऑक्सीजन अणु के साथ प्रतिक्रिया करके और अधिक क्लोरीन परमाणु छोड़ देते हैं।

$$Cl + O_3 \longrightarrow ClO + O_2$$

एक क्लोरीन परमाणु 100000 ओजोन अणु तोड़ सकता है।

$$O_3 \rightleftarrows O_2 + O$$

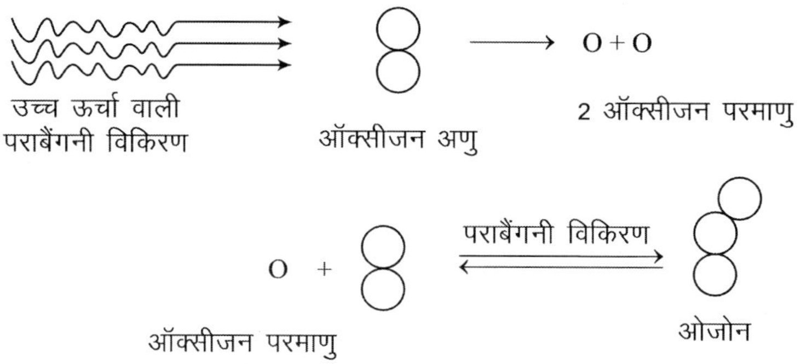

तालिका 3.8: महत्त्वपूर्ण ओजोन क्षयकारी रसायन और उनका उपयोग

क्र.स.	यौगिक का नाम	उपयोग में
1.	क्लोरोफ्लोरोकार्बन	प्रशीतलन, एयरोसोल, फॉम, खाद्यों को ठंडा करने, वार्मिंग उपकरणों (ऊष्मा प्रदान करने वाले उपकरण), सौंदर्य प्रसाधन, ऊष्मा को पहचानने वाले विलायक, प्रशीतलक, अग्निशमन
2.	ऑक्सीजन	अग्नि शमन
3.	हाइड्रो क्लोरोफ्लोरो. कार्बन	प्रशीतलक, एयरोसोल, फॉम, अग्निशमन
4.	मिथाइल क्लोरोफोर्म	विलायक
5.	कार्बन टेट्राक्लोराइड	विलायक

ओजोन परत अपक्षय का प्रभावः ओजोन कवच से घातक पराबैंगनी विकिरण वातावरण को बेध कर धरती की सतह पर पहुँच जायेगा। पराबैंगनी विकिरण की एक छोटी मात्रा में विकिरण मनुष्यों तथा अन्य जीवों के लिये आवश्यक है जैसे कि पराबैंगनी–बी विटामिन

डी के संश्लेषण को बढ़ावा देता है। पराबैंगनी विकिरण जर्मनाशी के रूप में सूक्ष्मजीवों को नियंत्रित करने का कार्य भी करते हैं। यद्यपि पराबैंगनी की बढ़ी हुई खुराक जीवित जीवों के लिये बहुत अधिक खतरनाक होती है।

1. मानव पर हानिकारक प्रभाव

- त्वचा कैंसर के प्रति अतिसंवेदनशीलता में वृद्धि
- मोतियाबिंद में वृद्धि
- डीएनए की क्षति
- कॉर्निया की क्षति
- नेत्र संबंधी रोगों का कारण
- मानव प्रतिरोधी तंत्र का कमजोर होना

2. पौधों पर हानिकारक प्रभाव

- प्रकाश संश्लेषण का संदमन
- उपापचय क्रिया का संदमन
- वृद्धि का रुकना
- कोशिकाओं का नष्ट होना
- उत्परिवर्तन का कारण
- वन-उत्पादकता में कमी होना

अन्य जीवों पर हानिकारक प्रभाव

- समुद्री/अलवणीय जल जीव पराबैंगनी किरणों के प्रति अति संवेदनशील होते हैं।
- मछली के लार्वा बहुत संवेदनशील होते हैं।
- मछली/श्रिम्प/झींगों के लार्वे प्रभावित होते हैं।

तालिका 3.9: भारत में ओजोन प्रदूषण से फसलों में नुकसान

फसल	ओजोन सांद्रता	उपज की हानि (प्रतिशत)	संदर्भ
पालक	196 और 98 माइक्रो/मी^{3}	6.78–25.02	वार्ष्णेय और अग्रवाल, 1992
बैंगन	196 और 98 माइक्रो/मी^{3}	87.33–93.80	वार्ष्णेय और अग्रवाल, 1992

प्याज	196 और 98 माइक्रो/मी^{3}	27.80-37.50	वार्ष्णेय और अग्रवाल, 1992
टमाटर	परिवेश ओजोन संक्षिप्त	7.38-24.94	वार्ष्णेय और मार्ग, 1998
सोयाबीन	परिवेश ओजोन संक्षिप्त	29.73-46.98	वार्ष्णेय और राउत, 1998
गेहूँ	परिवेश ओजोन संक्षिप्त	40.97-30.68	वार्ष्णेय, 1999
सरसों	परिवेश ओजोन संक्षिप्त	9.34-9.25	वार्ष्णेय, 1999
सेम	परिवेश ओजोन संक्षिप्त	2.32-42.3	वार्ष्णेय, 1999

प्रकाश रासायनिक धूम कोहरे का निर्माण (Formation of Photochemical Smog): जब जीवाश्म ईंधनों का दहन होता है, तब पृथ्वी के वातावरण में कई प्रदूषक उत्सर्जित होते हैं। इनमें से दो प्रदूषक हाइड्रोकार्बन (अदहित ईंधन) एवं नाइट्रिक ऑक्साइड (NO) है। जब इन प्रदूषकों का स्तर पर्याप्त मात्रा से अधिक हो जाता है, तब सूर्यप्रकाश से इनकी अन्योन्य क्रिया के कारण शृंखला अभिक्रिया होती हैं, जिसमें नाइट्रिक ऑक्साइड, नाइट्रोजन डाइऑक्साइड (NO_2) में परिवर्तित हो जाती है। यह NO_2 सूर्यप्रकाश से ऊर्जा ग्रहण कर पुनः नाइट्रिक ऑक्साइड एवं मुक्त ऑक्सीजन में विघटित हो जाती है। मुक्त ऑक्सीजन अत्यधिक क्रियाशील होने के कारण O_2 से क्रिया करके ओजोन (O_3) बनाती हैं, जो नाइट्रिक ऑक्साइड (NO) से क्रिया करके पुनः NO_2 देती है जिसके उच्च स्तर के कारण धुंध बनता है। NO_2 एवं O_3 दोनों ही प्रबल ऑक्सीकारक हैं। इसक कारण दूषित वायु में उपस्थित अदहित हाइड्रोकार्बन के साथ क्रिया करके कई रसायनों जैसे फार्मेल्डिहाइड, एक्रोलीन एवं परॉक्सी ऐसीटिलनाइट्रेट (PAN) का निर्माण करते हैं (चित्र 3.12)

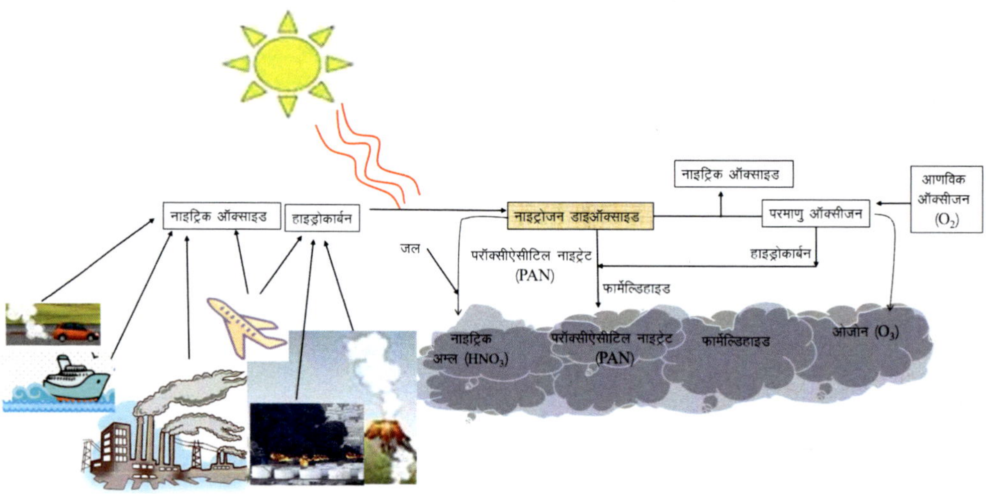

चित्र 3.12: प्रकाश रासायनिक धूम कोहरे का निर्माण

धुंध के स्रोत हैं: वाहन, निर्माण, खुले में जलने वाला कूड़ा, कारखाने, लॉन परिवाहक (lawnmowers), कोयला आधारित बिजली उत्पादन स्टेशन, डीजल और पेट्रोल वाहन, क्लीनर और तेल पेंट, कीटनाशकों और प्रदूषक हवाएं जिसके माध्यम से स्मोग का उत्सर्जन होता है।

ये फोटोकैमिकल स्मॉग के निर्माण में समीकरण हैं:

NO_2 (उपस्थिति में अगर सूरज की रोशनी) $\rightarrow NO + O$

$O + O_2 \rightarrow O_3$

O_3 + हाइड्रोकार्बन → एल्डिहाइड

हाइड्रोकार्बन + $O_2 + NO_2$ → लैक्रिमेटिक पदार्थ (जैसे पैन)

प्रकाश रासायनिक धूम कोहरे के प्रभाव

प्रकाश रासायनिक धूम कोहरे के सामान्य घटक ओजोन, नाइट्रिक ऑक्साइड, एक्रोलीन, फार्मेल्डिहाइड एवं परॉक्सीऐसीटिल नाइट्रेट (Peroxyacetyl nitrate) हैं। प्रकाश रासायनिक धूम्र-कोहरे के कारण भी गंभीर स्वास्थ्य-समस्याएँ होती हैं। ओजोन एवं नाइट्रिक ऑक्साइड नाक एवं गले में जलन पैदा करते हैं। इनकी उच्च सांद्रता से सरदर्द, छाती में दर्द, गले का शुष्क होना, खाँसी एवं श्वास अवरोध हो सकता है। प्रकाश रासायनिक धूम-कोहरा पौधें पर हानिकारक प्रभाव डालता है। यह धातुओं, पत्थरों, भवन-निर्माण के पदार्थों एवं रंगी हुई सतहों का क्षय भी करता है।

तालिका 3.10: प्रकाश रासायनिक धूम कोहरे में शामिल प्रदूषकों का स्वास्थ्य पर प्रभाव

प्रदूषक	**स्वास्थ्य पर प्रभाव**
नाइट्रोजन ऑक्साइड	▪ दिल और फेफड़ों की समस्या हो सकती हैं ▪ प्रतिरोधक क्षमता में कमी
वाष्पशील कार्बनिक यौगिक	▪ आंख में जलन ▪ श्वसन संबंधी समस्याएं
ओजोन	▪ खांसी और घरघराहट ▪ आंख में जलन ▪ श्वसन संबंधी समस्याएं (अस्थमा)
परॉक्सीऐसीटिल नाइट्रेट (PAN)	▪ आंख में जलन ▪ श्वसन संबंधी समस्याएं

प्रकाश रासायनिक धूम-कोहरे का नियंत्रण

प्रकाश रासायनिक धूम-कोहरे को नियंत्रित या कम करने के लिए कई तकनीकों का उपयोग किया जाता है। यदि हम प्रकाश रासायनिक धूम्र-कोहरे के प्राथमिक पूर्वगामी, जैसे–NO_2 एवं हाइड्रोकार्बन को नियंत्रित कर लें, तो द्वितीयक पूर्वगामी जैसे–ओजोन एवं परॉक्सीऐसीटिल नाइट्रेट (PAN) तथा प्रकाश रासायनिक धूम्र-कोहरा स्वतः ही कम हो जाएगा। सामान्यतया स्वचालित वाहनों में उत्प्रेरित परिवर्तक उपयोग में लाए जाते हैं, जो वायुमंडल में नाइट्रोजन ऑक्साइड एवं हाइड्रोकार्बन के उत्सर्जन को रोकते हैं। कुछ पौध ें, जैसे–पाईनस, जुनीपेरस, क्वेरकस, पायरस तथा विटिस, जो नाइट्रोजन ऑक्साइड का उपापचय कर सकते हैं, का रोपण इस संदर्भ में सहायक हो सकता है।

वायु प्रदूषण नियंत्रण के उपायः वायु प्रदूषण को नियंत्रित करने के लिए समग्र रूप से निम्न प्रयास किए जाने चाहिए:-

1. वायु प्रदूषण अधिनियम 1981 का कठोरता से पालन होना चाहिए।
2. घरेलू ईधन के रूप में धुआं रहित ईधन जैसे- हीटर, कुकिंग गैस इत्यादि का प्रयोग किया जाना चाहिए, जिससे घरेलू स्रोतों से होने वाले वायु प्रदूषण से मुक्ति मिल सके।
3. औद्योगिक इकाइयों को प्रयास करना चाहिए कि वायुमण्डल में फैलने वाली घातक गैसों की मात्रा निर्धारित मानकों के अनुसार रखें जिसके लिये प्रत्येक उद्योग में वायु शुद्धिकरण यंत्र अवश्य लगाए जाएँ।
4. उद्योगों में चिमनियों की ऊँचाई पर्याप्त होनी चाहिए ताकि आस-पास कम से कम प्रदूषण हो।
5. प्राणघातक प्रदूषण करने वाली सामग्रियों तथा तत्वों के उत्पादन एवं उपभोग पर तुरंत रोक लगानी चाहिए। जैसे ओजोन परत को हानि पहुंचाने वाली गैसों क्लोरो फ्लोरो-कार्बन आदि के उपभोग एवं उत्पादन में भारी कटौती की जानी चाहिए।
6. जीवाश्म ईंधनों (पेट्रोलियम, कोयला), जो वायुमण्डल को प्रदूषित करते हैं, का प्रयोग कुछ कम करके सौर ऊर्जा, पवन ऊर्जा जैसी वैकल्पिक ऊर्जाओं का प्रयोग किया जा सकता है।
7. वायु प्रदूषण रोकने में वृक्षों का सबसे बड़ा योगदान है। पौधे वायुमण्डलीय कार्बन डाइऑक्साइड अवशोषित कर हमें प्राणवायु ऑक्सीजन प्रदान करते हैं। अतः अधिक से अधिक पेड़-पौधें लगाने चाहिए।
8. वनोन्मूलन को नियंत्रित करके वनरोपण के कार्य को तीव्र करना चाहिए।
9. औद्योगिक विकास के साथ ही वायु प्रदूषण के हानिकारक परिणामों को ध्यान

में रखते हुए औद्योगिक क्षेत्र के चारों ओर हरित पट्टी का विकास किया जाना चाहिए।

10. यदि कोई व्यक्ति, समाज या संस्था प्रदूषण सम्बंधी कोई शिकायत करता है तो उसे गुप्त रखते हुए उस पर निश्चित अवधि में कार्यवाही करनी चाहिए और उसे सार्वजनिक करना चाहिए।

11. वायु प्रदूषण के हानिकारक दुष्परिणामों से जनता को सचेत करके एवं प्रदूषण को कम करने के उपायों के बारे में जानकारी देनी चाहिए। आम नागरिक के अतिरिक्त सरकारी संस्थानों तथा कर्मचारियों, अधिकारियों, राजनीतिज्ञों तथा उद्योगपतियों को भी वायु प्रदूषण के घातक परिणामों की जानकारी देनी चाहिए।

लंदन स्मॉग प्रभाव

ग्रेट स्मॉग एक गंभीर वायु प्रदूषण घटना थी जिसने 5 से 9 दिसंबर 1952 तक ब्रिटिश राजधानी लंदन को प्रभावित किया था। शहर में स्मॉग की एक मोटी परत 5 दिनों तक चली और हजारों लोग मारे गए। उस समय धुंध और जहरीली धुएं के मेल से बने धुंध की मोटी परत लंदन के आसमान पर जम गई थी। इस जहरीली धुंध को 'ग्रेट स्मॉग ऑफ लंदन' नाम दिया गया था। लंदन के इन पाँच दिनों में पूरा शहर जबरदस्त वायु प्रदूषण की चपेट में था।

भोपाल गैस त्रासदी

यूनियन कार्बाइड कारखाना जहाँ त्रासदी हुई

भोपाल आपदा या भोपाल गैस त्रासदी भोपाल शहर (भारत) में एक यूनियन कार्बाइड सहायक कीटनाशक संयंत्र में 2-3 दिसंबर 1984 की रात को एक औद्योगिक दुर्घटना थी। इस संयंत्र ने 42 मिलियन जहरीली मिथाइल आइसोसाइनेट (एमआईसी) गैस जारी की। जहरीली गैसों के मिश्रण से शहर में बाढ़ आ गई, जिससे लोगों में काफी दहशत फैल गई, क्योंकि उनके फेफड़ों में जलन होने लगी। गैस के प्रभाव से हजारों लोग तुरंत मर गए। दहशत में कई लोग फंसे थे। पहला आधिकारिक तत्काल मरने वालों की संख्या 2,259 थी। एक और अनुमान यह है कि 8,000 की मृत्यु दो सप्ताह के भीतर हो गई, जबकि 8,000 अतिरिक्त गैस से संबंधित बीमारियों से मर चुके थे। भोपाल आपदा को अक्सर दुनिया की सबसे खराब औद्योगिक आपदा कहा जाता है। कई लापरवाही और यांत्रिक दोष थे, जो दुर्घटना से संबंधित पाए गए। यह दुर्घटना उस समय हुई जब एमआईसी टंकी 610 (कैसे या क्यों, अभी तक ज्ञात नहीं है) में एक बड़ी मात्रा में पानी लाया गया था, जिसके कारण उस पर एक एक्साइटमिक प्रतिक्रिया हुई, जिससे टंकी में तापमान 200 डिग्री सेल्सियस से अधिक हो गया। कारखानों में स्थापित सुरक्षा तंत्र, कुशलता से उपयोग नहीं किया गया था।

अध्याय 4

जल प्रदूषण (Water Pollution)

जीवन के सभी रूपों, खाद्य उत्पादन, आर्थिक विकास और सामाजिक कल्याण के लिए जल आवश्यक अक्षय संसाधनों में से एक है। जल के अधिकांश उपयोगों के लिए इसका विकल्प मुश्किल है, अतः यह वास्तव में प्रकृति से मानव जाति के लिए एक अनूठा उपहार है। 'जल के बिना जीवन सम्भव नही' यह वाक्य ही जल के महत्व को पर्याप्त रूप से दर्शाता है। दुर्भाग्य से आज हम शुद्ध जल के लिए तरस रहे है।

जल सबसे अधिक प्रबंधनीय प्राकृतिक संसाधनों में से एक है क्योंकि यह दिशा बदलने, परिवहन, भंडारण और पुनरावृत्ति (रीसाइक्लिंग) के लिए सक्षम है। ये सभी गुण मनुष्य के लिए उपयोगी हैं। देश के सतही जल और भूजल संसाधन कृषि, जल विद्युत उत्पादन, पशुधन उत्पादन, औद्योगिक गतिविधियों, वानिकी, मत्स्य पालन, नेविगेशन, मनोरंजक गतिविधियों आदि में प्रमुख भूमिका निभाते हैं। दुनिया के ताजे पानी के पारिस्थितिकी तंत्र में पृथ्वी की सतह का केवल 0.5% शामिल है और 2.84×10^5 km^3 की मात्रा है। नदियाँ भूमि की सतह की एक महत्वहीन राशि (0.1%) का गठन करती हैं। नदी के पानी का केवल 0.01% पानी नदी के चैनलों में होता है। इन कम मात्रा के बावजूद, बहते पानी का बहुत महत्व है। भारत में बर्फबारी सहित लगभग 4000 km^3 की वार्षिक वर्षा होती है। इसमें से मानसूनी वर्षा 3000 km^3 के क्रम की होती है। भारत में वर्षा दक्षिण-पश्चिम और उत्तर-पूर्व मानसून, उथले चक्रवाती अवसाद और गड़बड़ी और स्थानीय तूफान पर निर्भर है। इसका अधिकांश भाग जून और सितंबर के बीच दक्षिण-पश्चिम मानसून के प्रभाव में आता है, तमिलनाडु को छोड़कर, जहाँ यह अक्टूबर और नवंबर के दौरान उत्तर-पूर्वी मानसून के प्रभाव में होता है। भारत को नदी प्रणाली के साथ उपहार दिया जाता है जिसमें कई सहायक नदियों के साथ 20 से अधिक प्रमुख नदियाँ शामिल हैं। इन नदियों में से कई बारहमासी हैं और उनमें से कुछ मौसमी हैं। हालाँकि भारत केवल 3.29 मिलियन km^2 भौगोलिक क्षेत्र पर कब्जा करता है, जिसमें दुनिया के 2.4% भूमि क्षेत्र का समावेश है, यह दुनिया की 15% आबादी का समर्थन करता है। 2011 में भारत की जनसंख्या 1,21,19,00,000 व्यक्तियों की थी। इस प्रकार,

भारत व्रिश्व की जनसंख्या का 1/6 वाँ हिस्सा, विश्व की 1/50 वीं भूमि और विश्व के जल संसाधनों का 1/25 वाँ हिस्सा का समर्थन करता है।

पिछले कुछ दशकों में, जनसंख्या में तेजी से वृद्धि और औद्योगिकीकरण की त्वरित गति के कारण पीने योग्य पानी की माँग में जबरदस्त वृद्धि हुई है। व्यापक शहरीकरण, कृषि प्रथाओं, औद्योगिकीकरण और जनसंख्या विस्तार से संबंधित मानवजनित गतिविधियों के कारण दुनिया के कई हिस्सों में पानी की गुणवत्ता में गिरावट हुई है। जल प्रदूषण सरकार और वैज्ञानिकों के लिए एक शोध केंद्र रहा है। इसलिए, गंभीर जल प्रदूषण और जल संसाधनों की वैश्विक कमी के कारण नदी के जल की गुणवत्ता की रक्षा अत्यंत आवश्यक है। जब विषाक्त पदार्थ झीलों, नदियों, महासागरों और अन्य जल निकायों में प्रवेश करते हैं, तो वे पानी में निलंबित या जमा हो जाते हैं। इससे जल प्रदूषण होता है जिससे जल की गुणवत्ता बिगड़ जाती है फलस्वरूप जलीय पारिस्थितिकी तंत्र प्रभावित होता है। जल प्रदूषण के कई स्रोत हैं। उनमें से सबसे अधिक प्रदूषण शहर के सीवेज और औद्योगिक कचरा है। अपशिष्ट जल के उपचार की सुविधाएँ भारत के किसी भी शहर में पर्याप्त नहीं हैं। वर्तमान में, उत्पन्न जल का लगभग 10% ही उपचारित होता है। बाकी को हमारे जल निकायों में छोड दिया जाता है। इसके कारण, प्रदूषक भूजल, नदियों और अन्य जल निकायों में प्रवेश करते हैं। कृषि या खेतों से निकलने वाला पानी, जो नदियों में जाता है, एक अन्य प्रमुख जल प्रदूषक है क्योंकि इसमें उर्वरक और कीटनाशक होते हैं।

भूजल की स्थिति

भूजल, वह जल होता है जो चट्टानों और मिट्टी से रिस जाता है और भूमि के नीचे जमा हो जाता है। जिन चट्टानों में भूजल जमा होता है, उन्हें जलभृत (एक्विफर) कहा जाता है। जलभृतों में जिन जगहों पर पानी भरता है, वे संतृप्त जोन (सैचुरेटेड जोन) कहलाते हैं। सतह में जिस गहराई पर पानी मिलता है, वह जल स्तर (वॉटर टेबल) कहलाता है। जल स्तर जमीन से नीचे एक फुट तक उथला भी हो सकता है और वह कई मीटर गहराई तक भी हो सकता है। भारी वर्षा से जल स्तर बढ़ सकता है और इसके विपरीत, भूजल का लगातार दोहन करने से इसका स्तर गिर भी सकता है। वर्तमान में विश्व स्तर पर पानी की वार्षिक आवश्यकता लगभग 6000 से 7000 km^3 है। विश्व स्तर पर भूजल आरक्षित लगभग 70,000,00 km^3 है। पानी की यह अधिशेष राशि वर्षा और छिद्रण की प्रक्रिया द्वारा प्रतिवर्ष जमीन पर लाई जाती है। पिछले कुछ वर्षों से, अधिक निकासी और सीमित वर्षा के कारण, कम पुनःपूर्ति के कारण जल तालिका कम हो गई है। इसलिए, पानी की कमी, क्षेत्रीय जल संतुलन, जलवायु, ऊँचाई, मिट्टी की संरचना, वनस्पति आवरण, वर्षा और परकोलेशन द्वारा काफी हद तक नियंत्रित होने के कारण खतरनाक

रूप से घटित हो रही है। पानी को प्रभावित करने वाले कारकों पर विचार करने के बाद विवेकपूर्ण तरीके से सतह और भूजल के संयोजन का उपयोग किया जाना चाहिए। इस प्रकार, पानी का योजनाबद्ध तरीके से उपयोग करने की आवश्यकता है और पानी के पुनर्चक्रण पर भी विचार करना चाहिए। हवाई फोटोग्राफी और रिमोट सेंसिंग के माध्यम से सतह के पानी का पता लगाना आसान है। लेकिन भूजल के मामले में, भू सतह के पूर्ण मूल्यांकन की आवश्यकता है। भूजल अन्वेषण और विकास में सतह और उपसतह भूवैज्ञानिक और भूभौतिकीय तरीकों की भूमिका अब अच्छी तरह से स्थापित है और विश्व स्तर पर स्वीकार की जाती है।

भूजल की उपलब्धता

तालिका 4.1: भारत में जल संसाधनों से संबंधित आंकड़े

मानदंड	इकाई (अरब क्यूबिक मीटर/वर्ष)
वार्षिक जल उपलब्धता	1,869
उपयोग योग्य जल	1,123
सतही जल	690
भूजल	433
स्रोत: Water and Related Statistics, April 2015, Central Water Commission; PRS	

नदियों में प्राकृतिक अपवाह (प्रवाह) के लिहाज से देखा जाए तो 2015 में देश की जल संसाधन क्षमता या वार्षिक जल उपलब्धता 1,869 अरब क्यूबिक मीटर प्रति वर्ष थी। इनमें से उपयोग योग्य जल संसाधन केवल 1,123 अरब क्यूबिक मीटर प्रति वर्ष के लगभग अनुमानित थे। उपयोग करने योग्य जल संसाधनों (1,123 बीसीएम प्रति वर्ष) में सतही जल और भूजल की हिस्सेदारी क्रमशः 690 बीसीएम प्रति वर्ष और 433 बीसीएम प्रति वर्ष है। अगर प्राकृतिक स्राव के लिए 35 बीसीएम जल को हटा दिया जाए तो समूचे देश में शुद्ध वार्षिक भूजल उपलब्धता 398 अरब क्यूबिक मीटर हो जाती है। देश के वार्षिक भूजल संसाधन में वर्षा जल का योगदान 68% है और अन्य स्रोतों, जैसे नहरों में रिसाव, सिंचाई के दौरान पानी वापस लौटना, टैंक, तालाब तथा जल संरक्षण जैसी संरचनाओं का दोबारा भरना इत्यादि की हिस्सेदारी 32% है। देश में बढ़ती जनसंख्या के कारण, जल की राष्ट्रीय प्रति व्यक्ति वार्षिक उपलब्धता वर्ष 2001 में 1,816 क्यूबिक मीटर से गिरकर वर्ष 2011 में 1,544 क्यूबिक मीटर हो गई है।

तालिका 4.2: भूजल प्रबंधन हेतु उत्तरदायी प्रमुख केंद्रीय जल संस्थान

क्र.स.	संस्थान	भूमिका
1.	केंद्रीय जल आयोग	देश में राज्य सरकारों के सहयोग से जल संसाधनों के संरक्षण और उपयोग के लिए योजनाओं को प्रारंभ और समन्वित करना और जल की गुणवत्ता का निरीक्षण करना
2.	केंद्रीय भूजल बोर्ड	भूजल के सतत उपयोग से संबंधित प्रौद्योगिकी को विकसित और प्रसारित करना, भूजल संसाधनों के सतत प्रबंधन के लिए नीतियों का निरीक्षण और कार्यान्वयन करना, भूजल संसाधनों का आँकलन करना।
3.	केंद्रीय भूजल प्राधिकरण	भूजल संसाधनों के विकास और प्रबंधन को विनियमित और नियंत्रित करने के लिए पर्यावरण (संरक्षण) अधिनियम, 1986 की धारा 3(3) के तहत गठित, कानूनी कार्रवाई का सहारा ले सकता है और आवश्यक विनियामक निर्देश जारी कर सकता है।
4.	केंद्रीय प्रदूषण नियंत्रण बोर्ड	जल (प्रदूषण की रोकथाम और नियंत्रण) अधिनियम, 1974 का कार्यान्वयन जोकि जल की गुणवत्ता को बरकरार रखने का प्रयास करता है।
स्रोत: Ministry of Water Resources; Lok Sabha Question 2157, March 10, 2015; PRS		

जल संरचना (Structure of water): जल हाइड्रोजन (H) तथा ऑक्सीजन (O_2) के परमाणुओं से बना एक साधारण यौगिक है जिसमें H-O-H का रेखीय न्यास (Linear arrangement) न होकर 104.5° कोण पर हाइड्रोजन-ऑक्सीजन का रेखीय आकार का न्यास होता है। जिसके फलस्वरूप हाइड्रोजन की अपेक्षा ऑक्सीजन के निकटवर्ती इलेक्ट्रॉन का सहभजन कर यह एक असम्मति अणु (Assymetrical molecule) बन जाता है। इसके साथ-साथ अणु पार्श्व जिस पर हाइड्रोजन स्थित होते हैं धन विद्युती होने लग जाते है तथा अगर अणु पार्श्व विपरीत दिशा में होते हैं तो ऋण विद्युती। जिन अणुओं का धन एवं ऋण आवेश संपात नहीं होते हैं, उन्हें ध्रुवीय अणु (Polar Molecule) कहते हैं।

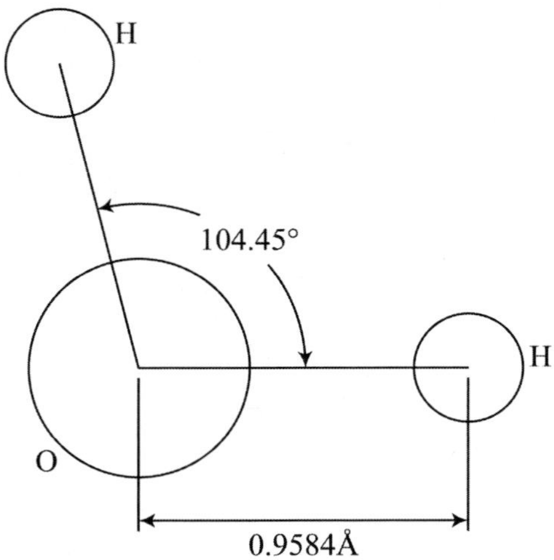

चित्र 4.1: पानी के अणु का दो विमीय निरूपण

जल को H_2O द्वारा बताया जाता है न तो अकेला अणु के रूप में होता है और ना ही ये स्वतंत्र रूप से क्रिया करता है। H_2O में उपस्थित हाइड्रोजन के एक अणु का घन छोर और दूसरे छोर पर ऋण छोर (ऑक्सीजन) को आकर्षित करने के फलस्वरूप एक श्रृंखला के समान बहुघटकी (Polymer) में समूहित होता है। अर्थात् H_2O का कोई पृथक अस्तित्व नहीं होता है। जल का यह गुण पूर्ण है इसको ध्रुवीय गुण कहते हैं। ऑक्सीजन के ऋण छोर द्वारा धनायन आकर्षित होते हैं। H^+, K^+, Ca^{++} तथा Mg^{++} जैसे धनायन आकर्षित होते हैं। इसी प्रकार ऋण आवेशित मृदा जल हाइड्रोजन के घन आवेश के कारण आकर्षित होते हैं। जब जल के अणु हाइड्रोजन के अणुओं से जुड़ते हैं तो उसे बंधन (Hydrogen Bonding) कहते हैं। यह सापेक्षत निम्न ऊर्जा युग्मन है जिससे हाइड्रोजन का परमाणु ऑक्सीजन के दो ऋण विद्युती परमाणु द्वारा सहभाजित होते हैं। हाइड्रोजन बंधन के कारण आपेक्षित ऊष्मा, श्यानता, क्वथनांक, गलनांक आदि अम्ल हाइड्रोजन युक्त यौगिको से अधिक होते हैं।

जल की गुणवत्ता के मानक

जल एक रंगहीन द्रव है जो हाइड्रोजन का मोनो आक्साइड होता है। H_2O के सूत्र के द्वारा इसके संगठन को दर्शाया जाता है। जल का अधिकतम घनत्व 4 डिग्री सेंटीग्रेट पर होता है और हिमांक बिंदु 0 डिग्री सेंटीग्रेट एवं क्वथनांक 100 डिग्री सेंटीग्रेट पर होता है।

विश्व स्वास्थ्य संगठन 1971 के अनुसार जल की गुणवत्ता के मानक–

1. **भौतिक मानक:** विश्व स्वास्थ्य संगठन के अनुसार पेयजल स्वच्छ, शीतल स्वादयुक्त तथा गंध रहित हो।

2. **रासायनिक मानकः** इसके बारे में विश्व स्वास्थ्य संगठन का मत है कि पेयजल का पी एच मान 7 से 8.5 के मध्य हो, और उसमें निम्नलिखित से अधिक अपद्रव्यताएं नहीं होनी चाहिए।

तालिका 4.3: जल की गुणवत्ता

क्र.स.	अपदृश्य	उच्चतम निर्धारित सीमा मिलीग्राम/लीटर
1.	कुल ठोस पदार्थ	500
2.	संपूर्ण कठोरता	1500
3.	सल्फेट (SO_4)	200.00
4.	मैग्नीशियम (Mg)	30.00
5.	क्लोरोइड्स (Cl_2)	200.00
6.	कैल्शियम (Ca)	75.00
7.	लौह (Fe)	0.10
8.	जिंक (Zn)	5.00
9.	तांबा (Cu)	0.05
10.	मैंगनीज (Mn)	0.05
11.	साइनाइड (Cn)	0.05
12.	आर्सेनिक (As)	0.05
13.	सीसा (Pb)	0.05
14.	कैडमियम (Cd)	0.005
15.	पारा (Hg)	0.001
16.	फिलोनिक पदार्थ	0.001

जल पुनर्चक्रण (Water recycling)

बढ़ती जनसंख्या के साथ दिन-प्रतिदिन जल की आवश्यकता भी तीव्रता से बढ़ रही है। परन्तु जल की उपलब्धता सीमित है, लेकिन जल स्रोतों जैसे नदी, झरनों और भूमिगत जल से निरंतर तीव्र गति से पानी निकालने से इनमें पानी की कमी भी हो रही है और पानी की गुणवत्ता में भी कमी आ रही है।

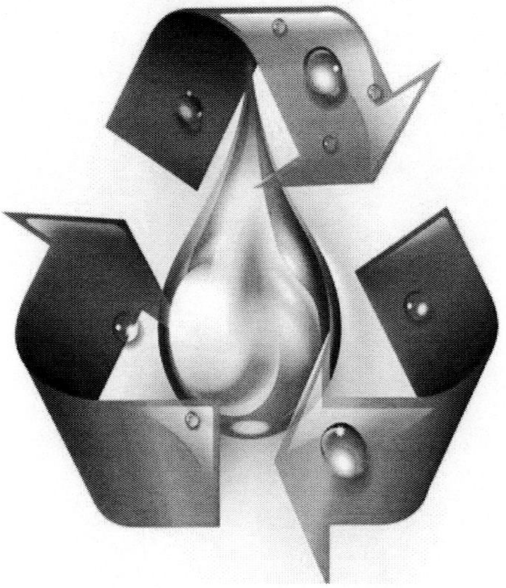

अत: यह आवश्यक है कि उपलब्ध पानी का अधिक से अधिक उपयोग किया जाए। यह तभी होगा जब व्यर्थ किये जल को पुन: चक्रित करके, उपचारित या अनुपचारित करने के पश्चात ही कुछ विशेष कार्यों के लिये प्रयोग किया जाए। पुन: चक्रित का अर्थ है दूषित जल को उपचार (शोधन) संयंत्र या जलसंकाय में डालने से पहले पुन: प्रयोग में लाया जाए। इस प्रकार दूषित जल को बार-बार पुन: चक्रित करके उपचारित या अनुपचारित रूप में एक ही प्रयोगकर्ता द्वारा प्राप्त किया जा सकता है।

जल प्रदूषण क्या है?

जल में अनिच्छित या अवांछनीय पदार्थों का मिला होना या पाया जाना ही जल-प्रदूषण कहलाता है।

गिलपिन के अनुसार, ''जल की रासायनिक, भौतिक व जैविक विशेषताओं में मुख्यत: मानवीय क्रिया-कलापों से ह्रास आ जाना ही जल प्रदूषण है।''

विश्व स्वास्थ्य संगठन (1996) के अनुसार- 'प्राकृतिक एवं कृत्रिम स्रोतों से उत्पन्न अवांछित बाह्य पदार्थों के कारण जल प्रदूषित हो जाता है तथा वह विषाक्तता एवं ऑक्सीजन की सामान्य स्तर से कम मात्रा के कारण जीव-जंतुओं के लिए हानिकारक हो जाता है। इसके कारण कई प्रकार के संक्रामक रोगों का प्रसार होने लगता है।'

भारत में जल प्रदूषण

जल प्रदूषण न केवल जलीय पौधों और जानवरों पर प्रतिकूल प्रभाव डालता है, बल्कि यह मानव और पारिस्थितिकी तंत्र को भी प्रभावित करता है। भारत में जल प्रदूषण एक गंभीर समस्या है क्योंकि इसकी सतह के लगभग 70 प्रतिशत जल संसाधन और इसके भूजल भंडार का एक प्रतिशत जैविक, विषाक्त, जैविक और अकार्बनिक प्रदूषकों द्वारा दूषित है। कई मामलों में, इन स्रोतों को मानव उपभोग के साथ-साथ अन्य गतिविधियों जैसे कि सिंचाई और औद्योगिक जरूरतों के लिए असुरक्षित रूप से प्रस्तुत किया गया है। इससे पता चलता है कि पानी की गुणवत्ता में कमी पानी की कमी में योगदान कर सकती है क्योंकि यह मानव उपयोग और पारिस्थितिकी तंत्र दोनों के लिए इसकी उपलब्ध ता को सीमित करता है। 1995 में, केंद्रीय प्रदूषण नियंत्रण बोर्ड ने भारत की 18 प्रमुख नदियों पर गंभीर रूप से प्रदूषित हिस्सों की पहचान की। आश्चर्य की बात नहीं कि इनमें से अधिकांश हिस्से बड़े शहरी क्षेत्रों में और आसपास पाए गए थे।

संबंधित विकास गतिविधि के साथ बढ़ती आबादी ने दुनिया भर में मीठे पानी के स्रोतों के साथ कहर ढाया है और भारत कोई अपवाद नहीं है। देश के अनुमानित उपयोग योग्य मीठे पानी के संसाधन - सतह और भूजल दोनों एक साथ 1086 km^3 हैं और वर्ष 2050 तक मांगों को पूरा करने में सक्षम होने की उम्मीद है। सतही जल स्रोतों की जल गुणवत्ता, हालांकि गंभीर चिंता का कारण है जैसा कि ज्यादातर नदियों और झीलों में होता है, यहां तक कि स्नान की गुणवत्ता के मानकों को पूरा नहीं करता है जो मानव उपभोग के लिए अकेले हैं।

अधिकांश नदियों में पानी की कमी का सामना करना पड़ रहा है और यह एक बड़ी समस्या है, जो प्रदूषण के स्तर को बढ़ा रही है। पिछले 20 वर्षों में, कृषि के अंतर्गत आने वाले क्षेत्र को हमारी नदियों से प्राप्त सिंचाई से बढ़ाया गया है। उर्वरकों और कीटनाशकों का उपयोग बड़े पैमाने पर बढ़ा है और इसने सिंचाई के लिए पानी की माँग को बढ़ा दिया है। जनसंख्या विस्फोट के साथ, शहरी केंद्र फैल रहे

हैं और अपशिष्ट जल का अधिक उत्पादन होता है। अपशिष्ट जल के उपचार के लिए नगरपालिका के पास संसाधन नहीं हैं। सीपीसीबी के अनुसार, देश में प्रतिदिन 17,600 मिलियन लीटर अपशिष्ट जल उत्पन्न होता है, केवल 4,000 मिलियन लीटर का उपचार किया जाता है। बेकार जल की बड़ी मात्रा हमारे जल निकायों और पर्यावरण में हो रही है। हमारी नदियों की 45,000 km लंबाई में से, 6,000 km में मिलीग्राम प्रति लीटर के ऊपर जैव-ऑक्सीजन की मांग (BOD) है, जिसका अर्थ है कि वे पीने के लिए अयोग्य हैं और यमुना, एक गंभीर रूप से बीमार नदी, 35 की BOD से 40 mg/l । यमुना में कोलीफॉर्म सामग्री कच्चे सीवेज में उतनी ही अधिक है और सभी व्यावहारिक उद्देश्यों के लिए यमुना मृत है। पंजाब और हरियाणा में जहाँ सीवेज की खेती होती है, वहाँ का 90 प्रतिशत अपशिष्ट जल सिंचाई के लिए उपयोग किया जाता है और पानी की व्यवस्था में नहीं मिलता है। ग्वालियर, मध्य प्रदेश में भी, अपशिष्ट जल का उपयोग सिंचाई के लिए किया जाता है। हालांकि कुछ पर्यावरणविद् सिंचाई के लिए अपशिष्ट जल के उपयोग को सही ठहराने के लिए तैयार हो सकते हैं, दूसरों का कहना है कि अपशिष्ट जल में रोगजनकों की उच्च सामग्री टमाटर और अन्य सब्जियों की शुद्धता को प्रभावित करती है, जबकि उन्हें उनके विकास के लिए पोषक तत्व प्रदान करते हैं। हमारे शहरों में बड़ी संख्या में सीवर लाइनें नहीं हैं, इसलिए बदबूदार सेसपूल में सीवेज जमा होता है जो मच्छरों को आकर्षित करता है, फिर भूजल में लिच करता है। कुछ शहरों में सीवर लाइनें हैं, लेकिन वे कूड़े से पोषित हैं और संचित अपशिष्ट जल फिर भूजल में मिल जाता है।

भारत में नदी प्रदूषण का मुख्य स्रोत शहर का सीवेज है। हालांकि, औद्योगिक प्रदूषक बढ़ रहे हैं। वर्तमान वर्ष में यह अनुमान लगाया गया है कि हर दिन लगभग 30,000 मिलियन लीटर प्रदूषक हमारी नदी प्रणालियों में प्रवेश कर रहे हैं, अकेले औद्योगिक क्षेत्र से 10,000 मिलियन लीटर। औद्योगिक विकास बढ़ने के साथ, औद्योगिक प्रदूषण कुल प्रदूषण का 33 प्रतिशत है, जबकि एक दशक पहले यह 20 प्रतिशत था।

जल प्रदूषण के कारणः औद्योगीकरण के परिणामस्वरूप आज कारखानों की संख्या में वृद्धि हुई है। इन कारखानों से निकला अवशिष्ट पदार्थ नदियों, नहरों, तालाबों आदि अन्य स्रोतों में बहा दिया जाता है जिससे जल में रहने, वाले जीव-जन्तुओं एवं पौधों पर तो बुरा प्रभाव पड़ता ही है साथ ही जल पीने योग्य नहीं रहता और प्रदूषित हो जाता है। जल में परमाणु परीक्षण के द्वारा नाभिकीय कण मिल जाते हैं और जल दूषित हो जाता हैं। शहरो का मल-मूत्र नदियों एवं नहरों आदि में बहा दिया जाता है, यही मूत्र व मल हमारे जल स्रोतों को दूषित कर रहे हैं। गाँव में लोगों के तालाबों, नहरों में नहाने, कपड़े धोने, पशुओं को नहलाने बर्तन साफ करने आदि से भी ये जल स्रोत दूषित होते हैं। कुछ

नगरों में जो कि नदी के किनारे बसे हैं वहाँ पर व्यक्ति के मरने के बाद उसका शव पानी में बहा दिया जाता है। इस शव के सड़ने व गलने से पानी में जीवाणुओं की संख्या में वृद्धि होती है, जल सड़ाँध देता है और जल प्रदूषित होता है। जल प्रदूषण कई कारणों से होता है। जल प्रदूषण के कुछ प्रमुख कारण इस प्रकार हैं:

1. प्राकृतिक कारक
2. सीवेज और अपशिष्ट जल
3. औद्योगिक अपशिष्ट
4. थर्मल प्रदूषण
5. तैलीय प्रदूषण
6. कीटनाशक और अकार्बनिक रसायनों का अनुचित प्रयोग
7. अम्ल वर्षा
8. रेडियोधर्मी कचरा

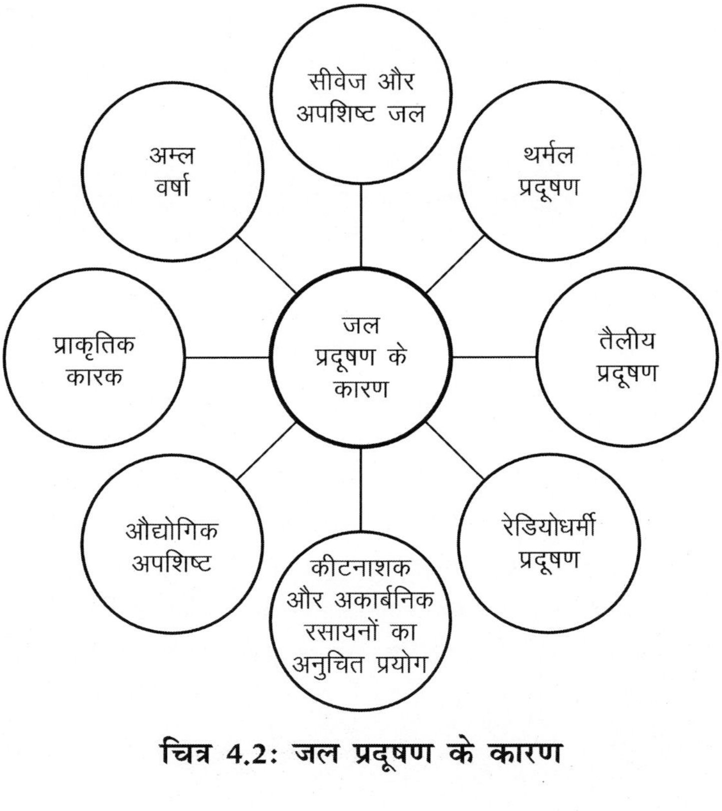

चित्र 4.2: जल प्रदूषण के कारण

1. **प्राकृतिक कारकः** जल-प्रदूषण के प्राकृतिक कारणों में मृदा अपरदन, चट्टानों से खनिजों का रिसाव और जैव पदार्थों का सड़ना निहित है। नदियाँ, झरने, सागर, समुद्र, भूमिगत जलस्रोत भी बिंदु और गैर बिंदु स्रोतों के कारण प्रदूषित होते हैं।
2. **सीवेज और अपशिष्ट जलः** घरों, कृषि भूमि और कारखानों के सीवेज, कचरा और तरल कचरे को झीलों और नदियों में छोड दिया जाता है। जल निकायों में ठोस अपशिष्ट और लिटर (ग्लास, प्लास्टिक, एल्युमिनियम, स्टाइलो फोम) के डंपिंग के कारण भारी समस्याएं होती हैं एवं मनुष्यों के साथ-साथ जलीय पौधों और जानवरों पर हानिकारक प्रभाव पडता है।
3. **औद्योगिक अपशिष्टः** औद्योगिक कचरे में अभ्रक, सीसा, पारा और पेट्रोकेमिकल्स जैसे प्रदूषक होते हैं जो प्राणीयों और पर्यावरण दोनों के लिए बेहद हानिकारक हैं। ताजे पानी का उपयोग कर पानी को दूषित बनाकर औद्योगिक अपशिष्टों को झीलों और नदियों में छोड़ दिया जाता है। उद्योगों में विनिर्माण या रासायनिक प्रक्रियाओं से अपशिष्ट जल, जल प्रदूषण में योगदान देता है। औद्योगिक अपशिष्ट जल में आमतौर पर विशिष्ट रासायनिक यौगिक होते हैं। सीसा, जिंक, आर्सेनिक, तांबा, पारा और कैडमियम ये सभी धातुएँ फैक्टरी से निकले औद्योगिक जल में मिले रहते हैं जिनका मनुष्यों और अन्य पशुओं पर प्रतिकूल प्रभाव पड़ता है। पिछले पचास वर्षों के दौरान, भारत में उद्योगों की संख्या तेजी से बढ़ी है। कई छोटे उद्योगों में अपशिष्टों के लिए उपचार की सुविधा नही है जिससे जल प्रदूषण का विस्तार होता है।
4. **थर्मल प्रदूषणः** पॉवर प्लांट्स-ऊष्मीय और नाभिकीय, रासायनिक और अन्य अनेक उद्योग ठंडा करने के उद्देश्य के लिये बहुत मात्रा में जल का प्रयोग करते हैं (लगभग सम्पूर्ण प्राप्त जल का 30 प्रतिशत जल) और प्रयोग किया हुआ गर्म पानी नदियों, जलधाराओं और समुद्र में छोड़ दिया जाता है। बॉयलर और गर्म करने की प्रक्रिया से निकली बेकार (व्यर्थ) ऊष्मा ठंडा करने वाले जल का तापमान बढ़ा देती है। गर्म पानी जिस जल में मिलता है उसका तापमान आस-पास के जल के तापमान से 10 से 15°C तक अधिक बढ़ जाता है। यह तापीय प्रदूषण कहलाता है। पानी के तापमान में परिवर्तन, पानी की गुणवत्ता और जलीय जीवों पर प्रतिकूल प्रभाव डालता है। पानी में होने वाले थर्मल प्रदूषण की अधिकांश वजह मानवीय गतिविधियों के कारण होती है। थर्मल प्रदूषण के कुछ महत्वपूर्ण स्रोत परमाणु ऊर्जा और विद्युत ऊर्जा संयंत्र, पेट्रोलियम रिफाइनरियां, स्टील पिघलने वाले कारखाने,

कोयला आग बिजली संयंत्र, उद्योगों से बॉयलर हैं जो भौतिक, रासायनिक और जैविक परिवर्तन के लिए अग्रणी जल निकायों को बड़ी मात्रा में गर्मी जारी करते हैं। उच्च तापमान पानी की ऑक्सीजन सामग्री को कम करता है। प्रजनन चक्र श्वसन और पाचन दर और अन्य शारीरिक परिवर्तनों के कारण जलीय जीवन के लिए कठिनाइयों का कारण बनता है।

5. **तैलीय प्रदूषण:** यात्रा करते समय जहाजों और टैंकरों से निकलने वाले तेल के कारण समुद्र का पानी प्रदूषित हो जाता है। गिरा हुआ तेल पानी में नहीं घुलता है और पानी को प्रदूषित करने वाला एक मोटी कीचड़ बनाता है। पेट्रोल, डीजल और उनके डेरिवेटिव प्रदूषित समुद्री जल को ले जाने वाले कार्गो टैंकरों से दुर्घटना या रिसाव के माध्यम से समुद्र की सतह में तेल का निर्वहन काफी हद तक होता है। समुद्र में तेल का प्रदूषण (तेल रिसाव) पानी के जहाजों, तेल के टैंकरों, उनके उपकरणों और पाइपलाइनों के कारण होता है। तेल के टैंकरों के दुर्घटनाग्रस्त होने से बहुत बड़ी मात्रा में समुद्र में तेल फैल जाता है जिससे समुद्री जीवों की मृत्यु हो जाती है और समुद्री जीवों और तटों पर प्रतिकूल प्रभाव पड़ता है। अपतटीय से तेल की खोज से पानी में तेल प्रदूषण भी होता है। अवशिष्ट तेल पानी की सतह पर फैलता है जो पानी में तेल इमल्शन की एक पतली परत बनाता है।

6. **कीटनाशक और अकार्बनिक रसायनों का अनुचित प्रयोगः** कृषि में प्रयोग किये जाने वाले कीटनाशक एवं अन्य कृषि रसायनिक पदार्थों के उपयोग से जल निकाय प्रदूषित होते हैं। जलीय जीव, पानी से इन पदार्थों को ग्रहण करके खाद्य शृंखला में जुड़ जाते हैं। जलीय और उच्च पोषण स्तर में एकत्रित (सांद्रित) होकर यह प्रदूषण खाद्य शृंखला के अन्तिम छोर तक पहुँच जाता है।

   जल संकाय का प्रदूषण पारे (मर्करी) से होने पर मनुष्यों में मिनामाटा रोग और मछलियों में ड्रॉप्सी रोग हो जाता है। जस्ते के कारण डिस्प्लैक्सिया हो जाता है और कैडमियम का जहर इताई-इटाई रोग का कारण होता है।

7. **अम्ल वर्षा प्रदूषणः** अम्ल वर्षा वायु प्रदूषण के कारण होने वाले जल का प्रदूषण है। जब वायुमंडल में वायु प्रदूषण के कारण होने वाले अम्लीय कण जल वाष्प के साथ मिश्रित होते हैं, तो इसके परिणामस्वरूप अम्ल वर्षा होती है। ऐसा प्रदूषण जो किसी पौधे के आसपास के पीएच स्तर को बदल देता है, जैसे कि अम्ल वर्षा के कारण, पौधे को नुकसान पहुंचा सकते हैं या मार सकते हैं। वायुमंडलीय सल्फर डाइऑक्साइड और नाइट्रोजन डाइऑक्साइड प्राकृतिक और मानव-निर्मित स्रोतों से उत्सर्जित होते हैं जैसे कि ज्वालामुखी गतिविधि और जल जीवाश्म ईंधन। वायुमंडलीय रसायनों के साथ मिलकर हाइड्रोजन और ऑक्सीजन सहित, हवा में सल्फ्यूरिक और नाइट्रिक अम्ल बनाने के लिए, ये अम्ल वर्षा या हिमपात के रूप

में वर्षा के माध्यम से पृथ्वी पर गिरते हैं। एक बार जब अम्लीय वर्षा जमीन पर पहुँच जाती है, तो यह जलमार्गों में प्रवाहित होती है जो अपने अम्लीय यौगिकों को जल निकायों में ले जाती है। अम्लीय वर्षा जो जलीय वातावरण में एकत्र होती है, पानी के पीएच स्तर को कम करती है और जलीय जीवों को प्रभावित करती है।

8. **रेडियोधर्मी कचरा:** रेडियोधर्मी प्रदूषण पानी में रेडियोधर्मी पदार्थों की उपस्थिति के कारण होता है। स्रोत रेडियोधर्मी तलछट, परमाणु संयंत्रों में उपयोग किए जाने वाले पानी, रेडियोधर्मी खनिजों के शोषण, परमाणु ऊर्जा संयंत्रों और चिकित्सा और अनुसंधान उद्देश्यों में रेडियोआइसोटोप के उपयोग से हो सकता है।

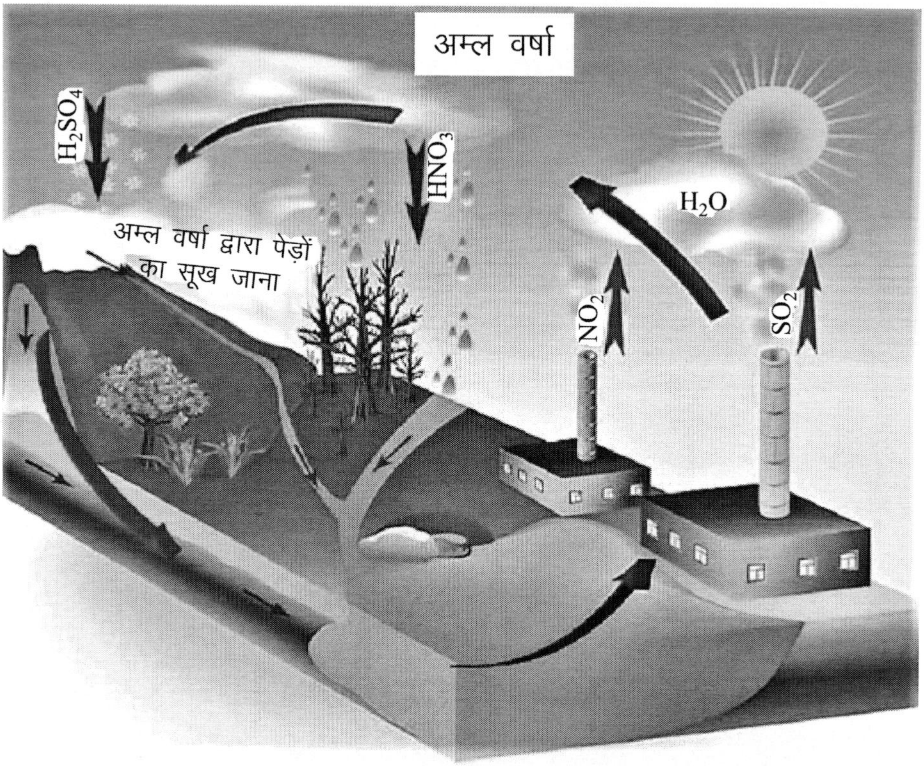

चित्र 4.3: अम्ल वर्षा चक्र

तालिका 4.4: पानी प्राप्त करने के लिए रासायनिक तत्वों के बिंदु और गैर-बिंदु स्रोतों की विशेषताएं

क्र.स.	बिन्दु स्रोत प्रदूषण	गैर-बिन्दु स्रोत प्रदूषण
1.	जब प्रदूषक किसी निश्चित स्थान से नालियों और पाइपों के द्वारा पानी में गिरता है तो वह बिंदु स्रोत प्रदूषण (Point source pollution) कहलाता है। जैसेः निश्चित स्थान फैक्टरी, पॉवर प्लांट, सीवेज ट्रीटमेंट प्लांट आदि हो सकते हैं।	जब प्रदूषक किसी बड़े और विस्तृत क्षेत्र से बहकर आते हैं तो उसे गैर-बिन्दु स्रोत (Non point source) कहते है। जैसेः खेतों, चारागाहों, निर्माण स्थलों, खाली पड़ी खदानों और गढडों, सड़कों और गलियों से बहकर आने वाला कूड़ा आदि।
2.	अपशिष्ट जल प्रवाह (नगरपालिका और औद्योगिक)	कृषि से अपवाह (सिंचित कृषि से वापसी प्रवाह सहित)
3.	अपशिष्ट निपटान स्थलों से अपवाह और लीकेज	चरागाह और सीमा से अपवाह
4.	पशु आहार से अपवाह और घुसपैठ	सेप्टिक टैंक लीफेट और असफल सेप्टिक सिस्टम से अपवाह

5.	खानों, तेल क्षेत्रों, बिना लाइसेंस वाली औद्योगिक साइटों से अपवाह	निर्माण स्थलों एवं परित्यक्त खानों से अपवाह
6.	जनसंख्या वाले शहरों से तूफान सीवर संगठन > 100,000	शहरी अपवाह बिना आबादी वाले और सिले हुए क्षेत्र <100,000
7.	संयुक्त तूफान और सेनेटरी सीवर के –Off flows	पानी की सतह पर वायुमंडलीय जमाव
8.	निर्माण स्थलों से अपवाह > 2 हेक्टेयर	भूमि पर गतिविधियाँ जो प्रदूषण उत्पन्न करती हैं, जैसे लॉगिंग, वेटलैंड रूपांतरण, निर्माण और भूमि या जलमार्ग का विकास

जल प्रदूषण के प्रभाव: प्रदूषित जल का मानव और जलीय जीवन दोनों पर प्रभाव पड़ता है।

1. **मानव स्वास्थ्य पर जल प्रदूषण का प्रभाव:** मानव स्वास्थ्य को प्रभावित करने वाले कुछ रसायनों में फ्लोराइड, आर्सेनिक, लेड, कैडमियम, मर्करी, पेट्रोकेमिकल्स, क्लोरीनयुक्त सॉल्वैंट्स, कीटनाशक और नाइट्रेट जैसे भारी धातुओं की उपस्थिति है। पानी में फ्लोराइड के उच्च स्तर से मानव स्वास्थ्य पर प्रतिकूल प्रभाव पड़ सकता है, जो कि फ्लोरोसिस नामक स्थिति का कारण बनता है। आर्सेनिक एक बहुत ही जहरीला रसायन है जो प्राकृतिक रूप से या सिरेमिक उद्योग, रासायनिक कारखानों और अपशिष्ट कीटनाशकों जैसे अपशिष्ट आर्सेनेट, उर्वरक कारखानों से अपशिष्ट और कोयला और पेट्रोलियम के जलने से निकलने वाले धुएँ से पानी तक पहुँचता है।

तालिका 4.5: जल प्रदूषण के कारण रोग उत्पन्न

क्र.स.	रोग जनक	रोग
1.	विषाणुजन्य रोग	पीलिया, पोलियो, डेंगू आदि।
2.	जीवाणुजन्य रोग	हैजा, टायफाइड, पेचिश, अतिसार आदि।
3.	प्रोटोजोआजन्य रोग	अमिबारुग्णता, जियार्डिया रुग्णता आदि।
4.	कृमिजन्य रोग	गोल कृमि, कृषाकृमि, सूत्रकृमि आदि।
5.	लेप्टोस्पाइरा रुग्णता	वेल्स रोग।

आर्सेनिक दूषित पेयजल से श्वसन, कैंसर, त्वचा के घाव आदि के कारण मानव स्वास्थ्य के लिए अत्यधिक खतरनाक है। लीड पेयजल स्रोत में पाइप, फिटिंग, सोल्डर, घरेलू प्लंबिंग सिस्टम से दूषित होता है। मानव में यह रक्त, केंद्रीय तंत्रिका तंत्र और गुर्दे को प्रभावित करता है। पारा का उपयोग उद्योगों में किया जाता है जैसे कि स्मेल्टर, बैटरी, थर्मामीटर, कीटनाशक, कवकनाशी इत्यादि का निर्माण। जल संकाय का प्रदूषण पारे (मर्करी) से होने पर मनुष्यों में मिनामाटा रोग और

मछलियों में ड्राप्सी रोग हो जाता है। जस्ते के कारण डिस्प्लैक्सिया हो जाता है। कैडमियम प्रभावित अपशिष्टों द्वारा सिंचित मिट्टी से खाद्य फसल के माध्यम से मानव शरीर में पहुंचता है। कैडमियम द्वारा कई गुर्दे की बीमारियों जैसे इटाई-इटाई रोग, नेफ्रैटिस और नेफ्रोसिस।

प्रदूषित जल जब मनुष्य पीने के माध्यम से ग्रहण करता है तो उसमे उपस्थित जीवाणुओं से अनेक प्रकार की बीमारियाँ हो जाती है। अतिसार, पेचिश, हैजा, टाइफाईड, डायरिया, पेचिश आदि रोग दूषित जल के प्रयोग से ही होते हैं। पीलिया यकृत शोध एवं पोलियो जैसी बीमारियाँ भी दूषित जल में उपस्थित वायरस से होती है। दूषित जल से होने वाले विभिन्न प्रभाव एवं बीमारियाँ तालिका 4.6 एवं 4.7 में दी गई है। भारत के ग्रामीण क्षेत्रों में होने वाली बीमारियों का एक मुख्य कारण प्रदूषित जल है। अतिसार, पेचिश, हैजा एवं टायफाइड आदि दूषित जल के प्रयोग से ही होते हैं। जल में पाए जाने वाले विभिन्न प्रदूषकों से उत्पन्न होने वाली बीमारियाँ निम्न प्रकार हैं-

तालिका 4.6: विभिन्न प्रदूषकों से उत्पन्न होने वाली बीमारियाँ

क्र.सं.	प्रदूषक	प्रभाव
1.	आर्सेनिक	कैंसर, ब्लैक फुट रोग
2.	फ्लोराइड	दांतों का फ्लोरोसिस रोग, हड्डियों का क्षय
3.	कैडमियम	उच्च रक्तचाप, रक्तकणिकाओं का क्षय, मिचली, दस्त, हृदय रोग
4.	सीसा	कैंसर, एनिमिया, उग्र शरीर विष, तंत्रिका तंत्र पर कुप्रभाव, गर्भवती महिलाओं में रोग
5.	क्रोमियम	चर्म रोग, खुजली, कैंसर
6.	बेरेलियम	कैंसर
7.	पारा	अत्यधिक विषैला, मस्तिष्क पर कुप्रभाव, केंद्रीय तंत्रिका तंत्र पर कुप्रभाव
8.	सिलेनियम	बालों का झड़ना, त्वचा संबंधी रोग
9.	मल जल (सीवेज)	कुपोषण, पेचिस, आंत्र रोग
10.	कार्बनिक रसायन डिटरजेंट आदि	जलीय जीवों पर कुप्रभाव, कृमि रोग, पेट संबंधी रोग
11.	नाइट्रेट	मेथेमोग्लोबिनेमिया (ब्लू बेबी सिंड्रोम)
12.	मैंगनीज	श्वांस रोग, निमोनिया, त्वचा रोग

तालिका 4.7: जल से संबंधित रोग और कारण संबंधी कारक

रोग का नाम	रोग कारक
जल जनित रोग जीवाणु	
टाइफॉइड	साल्मोनेला टाइफी

कॉलेरा	विब्रियो कॉलेरा
पैराटाइफॉइड	साल्मोनेला पेराफी
गैस्ट्रोएन्टराइटिस	एंटरोटॉक्सिजेनिक एशेरिकिया कोलाई
बैक्टिरीयल डाईसेंटरी	एशेरिकिया कोलाई की विविधता
वायरल	
इंफेकशीयस हेपटाइटिस	हेपेटाइटिस-ए वायरस
पोलिओमाईसीटिस	पोलियो-वायरस
डाईरेयल रोग	रोटा-वायरस, नॉरवॉक एजेंट, अन्य वायरस
एन्टेरिक रोगों के अन्य लक्षण	इकोनो-वायरस, कॉक्ससेकी-वायरस
प्रोटोजोआ	
अमीबिक डिसेंट्री	एंटअमीबा हिस्टोलिटिका
पानी से धुली हुई बीमारियाँ	
स्केबीज	विभिन्न त्वचा कवक प्रजातियां
ट्रैकोमा	ट्रैकोमा संक्रमित आंखें
बैसिलरी डाईसेंटरी	ई कोलाई
जल आधारित बीमारियाँ	
सिस्टोसोमियासिस	सिस्टोसोमा स्पेसिज
गिन्नी कीड़ा	गिनी कृमि
पानी से संबंधित कीट वैक्टर के माध्यम से संक्रमण	
नींद की बीमारी	ट्रैप्सोसा मक्खी के माध्यम से ट्रैपैनोसोमा
मलेरिया	एनफेलिस के माध्यम से प्लास्मोडियम
मुख्य रूप से दोषपूर्ण स्वच्छता के कारण संक्रमण	
हुकवर्म	हुक वर्म, एस्केरिस

2. **जलीय जीवों पर प्रभावः** जल प्रदूषण का सर्वाधिक प्रभाव जलीय जीवों एवं वनस्पति पर होता है। क्योकि इसका अस्तित्व जल में होता है और ये जलीय परिस्थितिकी का अभिन्न अंग होते है। जल में घरेलू गंन्दे अपशिष्टों का मिश्रण हो या औद्योगिक बहिस्त्राव के रसायन, तापीय प्रदूषण हो या रेडियोधर्मी अथवा तेल प्रदूषण सभी जलीय निकायों में पहुंचते है। जल प्रदूषण जलीय वनस्पति को भी अनेक प्रकार से प्रभावित करते है। जल में नाइट्रेट्स और फॉस्फोरस के मिश्रित हो जाने से शैवाल में वृद्धि होती है। जलीय वनस्पति पर ही जलीय जन्तुओं का जीवन आधारित होता है। अतः जल-प्रदूषण से जलीय वनस्पति के साथ ही जलीय जन्तुओं पर भी प्रभाव होते हैं। समुद्रों में होने परमाणु परीक्षण से जल में नाभिकीय कण मिलते हैं जो कि समुद्री जीवों एवं वनस्पतियों को नष्ट करते हैं और समुद्र के पर्यावरण सन्तुलन को बिगाड़ देते हैं। संक्षेप में निम्न प्रभाव होते हैं-

- ऑक्सीजन की कमी से अनेक जन्तु, विशेषकर मछलियाँ मरने लगती हैं।
- जन्तुओं में विविधता लगभग समाप्त हो जाती है। कुछ बैक्टीरिया खाने वाले जन्तु (जैसे-कॉल्पीडियम, ग्लॉकोमा, काइरोनोमिड, टयूबफीट आदि) ही बचे रहते हैं। निर्मल जल में पाये जाने वाले जन्तु प्राय: समाप्त हो जाते हैं।
- कृषि एवं औद्योगिक बहि:स्राव में आने वाले अनेक रासायनिक पदार्थ न केवल जलीय जन्तुओं के लिये घातक होते हैं वरन अन्य चौपायों (गाय, भैंस आदि) द्वारा उसे पीने पर उन पर घातक प्रभाव होते हैं।

यूट्रोफिकेशन (सुपोषण): यूट्रोफिकेशन 'ग्रीक शब्द यूट्रोफोस' से लिया गया है जिसका अर्थ होता है पोषित या समृद्ध। पर्यावरण के संदर्भ में, यूट्रोफिकेशन को इस प्रकार परिभाषित किया जा सकता है "कृत्रिम या गैर-कृत्रिम पदार्थों जैसे उर्वरकों या सीवेज के माध्यम से नाइट्रेट और फॉस्फेट का ताजे पानी के तालाब/झिल आदि निकायों में मिलना। घरेलू कूड़ा कर्कट (अपशिष्टों) का विसर्जन, खेती के बचे अंश, भू-स्राव और औद्योगिक कचरा जब जल निकायों में मिलता है तो जल निकायों में बड़ी तीव्रता से पोषकों की वृद्धि होती है।

जल निकायों में अधिक पोषक-समृद्धि होने से डकवीड, जलकुम्भी (वॉटर हायासिन्थ), पादप प्लवक (फाइटोप्लैंक्टॉन) और दूसरी जलीय वनस्पतियों, जलीय जीवों की वृद्धि होती है जिसके कारण जल में घुली हुई ऑक्सीजन की माँग (BOD) बढ़ जाती है। मरे हुए सड़े-गले पौधों और जैविक पदार्थों से पानी में घुली

ऑक्सीजन (Dissolved oxygen) की मात्रा कम होती है जिसके कारण बड़ी संख्या में आबादी का नाश होता है और मछली तथा अन्य जलीय जीवों की आबादी में कमी होती है। पौधों एवं जलीय प्राणीयों के मरने और सड़ने गलने से एक अप्रिय गन्ध पैदा होती है और वह जल मनुष्य के प्रयोग योग्य नहीं रहता। पादप प्लवकों और शैवालों के बहुत अधिक और अचानक वृद्धि से पानी का रंग हरा हो जाता है। जिसे वॉटर ब्लूम के (Water bloom) नाम से जाना जाता है या 'एल्गल ब्लूम' (Algal bloom) भी कहते हैं। यह पौधा पानी में विषाक्त तत्व छोड़ता है, जिसके कारण बड़ी संख्या में मछलियाँ मरती हैं। जलसंकाय की इसी 'पोषक समृद्धि' को सुपोषण (Eutrophication) कहते हैं। देश में झीलों और जलसंकायों के यूट्रोफिकेशन की बढ़ती संख्या के लिये मानव-गतिविधियाँ उत्तरदायी हैं।

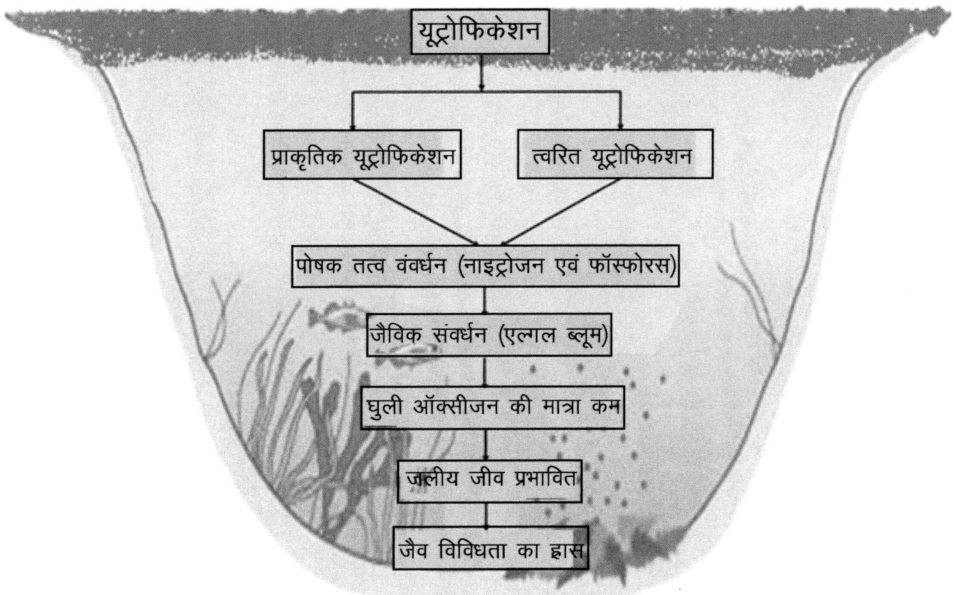

3. **जलीय वनस्पति पर जल प्रदूषण का प्रभावः** प्रदूषित जल से जलीय वनस्पति पर निम्न प्रभाव होते है:

- **एसिड के जमाव के प्रभावः** एसिड, एरोसोल और अन्य अम्लीय पदार्थ, जीवाश्म ईंधन के दहन, औद्योगिक या घरेलू स्रोतों से वायुमंडल में जारी गैसे अंत में जमीन पर गिरती हैं और प्रदूषित मिट्टी से वर्षा जल के साथ जल निकायों तक पहुँचती हैं।
- **कार्बनिक पदार्थ के जमाव के प्रभावः** पौधों और जानवरों की मृत और क्षय सामग्री से कार्बनिक पदार्थ सीधे सीवेज डिस्चार्ज से जमा होते हैं और

वर्षा जल के साथ बहकर जल निकायों में मिल जाते है जिससे वायुजीवी एवं अवायुजीवी जीवाणुओं में वृद्धि होती है। कार्बनिक पदार्थों के तेजी से अपघटन से प्लवक वृद्धि के पक्ष में पानी में पोषक तत्वों की उपलब्धता बढ़ जाती है। इसके अलावा मैक्रोफाइट्स जैसे सल्विनिया, एजोला, ईचोर्हेनिया आदि कई तेजी से बढ़ते हैं और जलमग्न वनस्पतियों की क्रमिक गिरावट के साथ जल गहरी परत में प्रकाश के प्रवेश को कम करते हैं। इस स्थिति के परिणामस्वरूप भंग ऑक्सीजन को कम करने और जैविक ऑक्सीजन की मांग में वृद्धि होती है।

- **डिटर्जेंट के जमाव के प्रभावः** घरेलू और औद्योगिक उपयोगों के डिटर्जेंट जल निकायों में पौधों पर गंभीर प्रभाव डालते हैं। डिटर्जेंट में उच्च फॉस्फेट होते हैं, जिसके परिणामस्वरूप पानी में फॉस्फेट का संवर्धन होता है। फॉस्फेट पौधों की जड़ों या सतह के अवशोषण के माध्यम से पौधों में प्रवेश करते हैं, जिससे पौधों की मंद वृद्धि होती है, जड़ों की वृद्धि, कार्बन डाइऑक्साइड निर्धारण, प्रकाश संश्लेषण, कटाव तेज, पराग का अंकुरण और पराग नलियों की वृद्धि, क्लोरोफिल और कोशिका झिल्लियों का विनाश और एंजाइम के अवरोध का कारण बनने वाले प्रोटीन का क्षरण होता है।
- **औद्योगिक कचरे के प्रभावः** उद्योगों से विभिन्न कार्बनिक और अकार्बनिक अपशिष्ट उत्पाद निकलते हैं। पानी के ऊपर एक तैरती हुई आवरण से जल निकायों की गहराई में प्रकाश का प्रवेश कम हो जाता है। फ्लाई ऐश पानी की क्षारीयता को बढ़ाता है और जलीय पौधों की मृत्यु के कारण आवश्यक आधारों के ऊपर पहुंच जाता है। तरल कार्बनिक अपशिष्ट जल के पीएच को बदलते हैं और जलीय पौधों पर विशिष्ट विषाक्तता का प्रभाव डालते है।
- **गाद जमाव के प्रभावः** जल निकायों में गाद का जमाव, गाद से भरे पानी को ले जाने और बाढ़ के कारण कटाव के परिणामस्वरूप होता है। यह पानी में मैलापन को बढ़ाते है और गहरे पानी में हल्की पैठ को कम करता है जिससे जलमग्न पौधों की बहुतायत में गिरावट होती है। प्रदूषक तत्व धीरे-धीरे तलहटी पर जमा होते जाते हैं, फलस्वरूप जड़ वाले जलीय पौधें समाप्त होते जाते हैं एवं जलीय खरपतवार (जल हायसिंथ, जलीय फर्न, जलीय लेटयूस आदि) में वृद्धि होती है।
- **थर्मल प्रदूषण के प्रभावः** थर्मल पावर प्लांट से जल निकायों में गर्म पानी छोड़ने से जलीय जीवन पर प्रतिकूल प्रभाव पड़ता है। यह उच्च तापमान के कारण ऑक्सीजन की कमी के कारण एरोबिक डीकंपोजर्स की गतिविधि को

कम करता है। कार्बनिक पदार्थों के अपघटन में कमी के साथ, जल निकायों में पोषक तत्वों की उपलब्धता खतरे में पड़ जाती है। बढ़े हुए तापमान के साथ एंजाइम गतिविधि के निषेध के कारण जलीय पौधे प्रकाश संश्लेषण दर को कम करते हैं। तापीय प्रदूषण के परिणामस्वरूप जल निकायों के बढ़ते तापमान के कारण जलीय पौधों की प्रजातियों की प्राथमिक उत्पादकता और विविधता में गिरावट आती है। तापीय प्रदूषण से जल का तापमान बढ़ता है जिससे प्लवक एवं शैवालों की वृद्धि होने से जलीय ऑक्सीजन में कमी आती है।

- **पोषक तत्वों के संवर्धन का प्रभावः** जलीय निकायों में पोषक तत्वों के संवर्धन से नपुसंकता पैदा होती है, जो एक ऐसी प्रक्रिया है जिससे जल निकायों को अत्यधिक अकार्बनिक पोषक तत्व प्राप्त होते हैं, विशेष रूप से नाइट्रोजन और फॉस्फोरस, पौधों और शैवाल के अत्यधिक विकास को उत्तेजित करते हैं। बहिःस्रावों में उपस्थित अधिक नाइट्रोजन एवं फॉस्फोरस से शैवाल में अतिशय वृद्धि होती है। सतह पर अधिक मोटी काई के कारण सूर्य-प्रकाश अधिक गहराई तक नहीं पहुँच पाता। परिणाम ऑक्सीजन की कमी और घुटन के कारण मछलियाँ मर जाती हैं।
- **तेल रिसाव के प्रभावः** तेल टैंकरों और भंडारण कंटेनरों के फैलने के कारण तेल प्रदूषण पानी के ऑक्सीकरण को रोकता है और मैक्रोफाइट्स में प्लवक और प्रकाश संश्लेषण की वृद्धि को रोकते हुए प्रकाश संचरण को कम करके जल निकायों में ऑक्सीजन सांद्रता को कम करते हैं।
- **विभिन्न चयापचय प्रक्रियाओं में कृषि रसायनों के प्रभावः** उर्वरकों, कीटनाशकों, जड़ी-बूटियों, आदि से अधिक मात्रा में फसलों पर लगाए जाने वाले रसायन वर्षा जल के साथ बह जाते हैं, फिर मिट्टी में प्रवेश करते हैं और अंत में जलस्रोतों में पहुंच जाते हैं। उर्वरकों में रसायन पोषक तत्वों के संवर्द्धन के द्वारा यूट्रोफिकेशन में परिणत होते हैं। उर्वरकों से अमोनियम प्रकृति में अम्लीय है जिससे पानी का अम्लीयकरण होता है। इसी तरह, कीटनाशक, शाकनाशी और कीटनाशक भी जल निकायों के पीएच में परिवर्तन का कारण बनते हैं। इन पदार्थों का सबसे आम प्रभाव प्रकाश संश्लेषक दर में कमी है।
- **पौधों पर फाइटोटॉक्सिसिटी प्रभावः** जब रासायनिक प्रदूषक जलीय या स्थलीय वातावरण में पहुंचते हैं, तो पौधे इन रसायनों को अपनी जड़ों के माध्यम से अवशोषित कर सकते हैं। फाइटोटॉक्सिसिटी के कारण पौधों की वृद्धि अवरूध हो जाती है, पौधे मरने लगते है और पत्तियों पर मृत धब्बे बनने लगते हैं।

जल प्रदूषण नियंत्रण: देश में जल प्रदूषण को नियंत्रित करने के लिये 1974 में जल प्रदूषण निवारण तथा नियंत्रण अधिनियम बनाया गया। इसी क्रम में पर्यावरण सुरक्षा को ध्यान में रखते हुए 1986 में पर्यावरण संरक्षण अधिनियम लाया गया जिसमें जल प्रदूषण को रोकने के लिये विशेष प्रावधान किए गए। जैसा कि हम जानते हैं जल प्रदूषण के भिन्न-भिन्न स्रोत हैं ऐसे में इनके प्रभावी नियंत्रण के लिये इनको उत्पन्न होने वाले स्रोत स्थान पर रोककर समुचित प्रबंधन एवं शोधन उपचार द्वारा शुद्ध किया जाना आवश्यक है। ज्यादातर जलीय प्रदूषण मानवीय गलतियों का नतीजा है और मानव ही इन गलतियों में सुधार लाकर इसे नियंत्रित कर सकता है। अधिनियम और कानून अपना काम कर ही रहे हैं इसे ओर प्रभावी बनाने के लिये हमें स्वैच्छिक भागीदारी लेनी होगी जिससे बढ़ते प्रदूषण को कम किया जा सके। जल प्रदूषण को नियंत्रित करने के लिये निम्नलिखित स्तर पर उपाय किए जा सकते हैं:

1. **घरेलू स्तर पर:** घरेलू स्तर पर जल प्रदूषण को निम्न प्रकार नियंत्रित किया जा सकता है:-
   - सभी निवासियों को इसके महत्व को ध्यान में रखकर इसे संरक्षित एवं प्रदूषित होने से बचाने में स्वैच्छिक योगदान देना चाहिए।
   - जल एक मूल्यवान प्राकृतिक संसाधन है। इसका विवेकपूर्ण उपयोग करके भी जल संरक्षण के साथ-साथ जल प्रदूषण को भी नियंत्रित किया जा सकता है।
   - पर्यावरण अनुकूल घरेलू उत्पाद एवं प्रसाधनों का उपयोग प्रदूषण को रोकने में मददगार एवं सक्रिय भूमिका निभा सकता है।
   - घरेलू अपशिष्ट (पेंट एवं वार्निस, सफाई उत्पादों, डिटर्जेंट, प्रसाधन सामग्रियों एवं अन्य घरेलू उत्पादों) को कभी भी जल निकायों में नहीं छोड़ें या इनका जल आपूर्ति निकायों के साथ मिलने से रोककर, निपटान का सही तरीका सुनिश्चित करें।
   - जल प्रदूषण नियंत्रण के सर्वोत्तम तरीकों में से एक 'जल का पुनर्नवीनीकरण एवं पुनः उपयोग' है, जहाँ तक संभव हो सके सभी को घरेलू स्तर पर इसे शामिल करना चाहिए।
   - घरेलू रोजमर्रा के कार्यों में कम मात्रा में पानी का इस्तेमाल करके, इनके प्रवाह को कम अवश्य किया जा सकता है।
   - जल प्रदूषण को रोकने की दिशा में प्रयास करने के अलावा व्यक्तिगत एवं घरेलू स्तर पर नियमों, अधिनियमों का पालन सुनिश्चित करना आवश्यक है।

2. **औद्योगिक स्तर पर:** औद्योगिक स्तर पर जल प्रदूषण को निम्न प्रकार नियंत्रित किया जा सकता है:-

- औद्योगिक इकाइयों के क्षेत्रों में सामान्य प्रवाह उपचार संयंत्रों को स्थापित करना चाहिए।
- औद्योगिक क्षेत्रों से उत्पन्न कचरे को कम करने की कोशिश के साथ-साथ केंद्रीय प्रायोजित मापदंडों, नियमों एवं अधिनियमों का कठोरता से पालन करना चाहिए।
- उपचार संयंत्रों से प्राप्त अपशिष्ट पदार्थों का पुनर्नवीनीकरण द्वारा अन्य उपयोगी सामग्रियों के उत्पादन हेतु नए विकल्पों की तलाश की जानी चाहिए।
- औद्योगिक अपशिष्टों से विषाक्त घटकों अमोनिया एवं अन्य गैसों, उच्च सांद्रता वाली भारी धातुओं, एंटीफीजर, तेल और तरल पदार्थ, वाष्पशील कार्बनिक एवं अकार्बनिक रासायनिक यौगिकों को हटाने के लिये विशेष उपचार प्रणालियों को स्थापित कर पुनर्नवीनीकरण द्वारा इन्हें पुनः उपयोग में लाया जाना चाहिए।
- औद्योगिक हीटिंग प्रयोजनों एवं संयंत्रों से निकले गर्म जल को संवहन से ठंडा करने की डिजाइनों में सुधार तथा इनकी क्षमता में वृद्धि तथा विनिर्माण संयंत्रों के साथ संयोजित कर पुनः जल को उपयोग में लाने की प्रक्रिया प्रदूषण रोकथाम में कारगर विकल्प है।
- उद्योगों एवं परमाणु संयंत्रों से उत्पन्न रेडियोधर्मी सामग्रियों के उचित प्रबंधन, सुरक्षित भंडारण प्रणालियो के विकास एवं उपचार संयंत्रों की क्षमता बढ़ाकर इन्हें जल में मिलने से रोककर जल प्रदूषण को रोका जा सकता है।
- उद्योगों द्वारा प्रदूषित जल के उचित शोधन के बाद ही जलाशयों में विसर्जित किया जाना चाहिए।

3. **कृषिगत स्तर पर:** कृषि स्तर पर जल प्रदूषण को निम्न प्रकार नियंत्रित किया जा सकता है:-

- कीटों के नियंत्रण हेतु रासायनिक कीटनाशकों पर निर्भरता को कम करने के लिये किसानों को समन्वित कीट प्रबंधन तकनीक तथा जैविक कीट नियंत्रण इत्यादि फसल सुरक्षा प्रणालियों को अपनाने के लिये प्रेरित किया जाना चाहिए। इनके उपयोग से रासायनिक कीटनाशकों के प्रभावों को कम कर, पानी की गुणवत्ता की रक्षा की जा सकती है।
- मृदा परीक्षण द्वारा फसलों की आवश्यकता अनुसार समुचित मात्रा में उर्वरकों के उपयोग से जलाशय में इनके रिसाव को कम कर प्रदूषण को कम किया जा सकता है।

- किसानों को समन्वित पोषक तत्व प्रबंधन तथा वाणिज्यिक उर्वरकों का सही एवं समुचित मात्रा में उपयोग-योजना का पालन करना चाहिए।
- कार्बनिक अपशिष्ट, गोबर तथा फार्म हाउस एवं अन्य जैविक कचरे से बायोगैस ऊर्जा उत्पादन एवं प्राप्त खाद को कम्पोस्ट के लिये इस्तेमाल किया जाना चाहिए।
- फसल क्रम में हल्की जड़ वाली फसलों के बाद गहरी जड़ वाली तीव्र नाइट्रेट अवशोषक फसलों जैसे- अल्फा इत्यादि का समावेश करना चाहिए।

4. **सरकारी एवं प्रशासनिक स्तर परः** सरकारी एवं प्रशासनिक स्तर पर जल प्रदूषण को निम्न प्रकार नियंत्रित किया जा सकता है:-
   - वर्तमान से लेकर आगे आने वाले समय में औद्योगिक बहिर्स्राव से उत्पन्न प्रदूषण नियंत्रण के लिये व्यापक योजना तैयार कर समयबद्ध तरीके से इनका कार्यान्वयन कराया जाना चाहिए।
   - बुनियादी औद्योगिक सुविधाओं, कार्यों के निष्पादन में कम-से-कम बाधा, उपचार क्षमता का सृजन करने के लिये दिए गए प्रस्तावों को प्राथमिकता के आधार पर वरीयता देनी चाहिए।
   - बिना उपचारित औद्योगिक बहिर्स्रावों को निष्पादित करने वाली प्रदूषणकारी औद्योगिक इकाइयों को पानी की आपूर्ति प्रतिबंधित कर उनके लाइसेंसों को रद्द कर देनी चाहिए।
   - निर्धारित मानकों के संदर्भ में गुणवत्ता, सुनिश्चित प्रक्रियाओं एवं कानूनों को सही ढंग से न पालन करने वाले लोगों पर भारी जुर्माना लगाया जाना चाहिए।
   - प्रशासनिक संस्थागत तंत्र, नागरिकों एवं प्रबंधन में लगी एजेंसियों को एक दूसरे के साथ समन्वय स्थापित करके जल प्रदूषण को नियंत्रित करने की जोरदार पहल करनी चाहिए।
   - गैर सरकारी संगठनों, रेडियों, दूरदर्शन की मदद से लोगों को जल प्रदूषण के परिणामों के बारे में जागरूकता, अपशिष्ट प्रबंधन के वैकल्पिक तरीके सिखाने वाले कार्यक्रमों के आयोजन, अभियानों के द्वारा सहभागिता, अपशिष्ट निपटान के उचित तरीकों की जानकारी एवं इन्हें अमल में लाने के लिये शिक्षित एवं प्रेरित करने वाले संगठनों को पर्याप्त वित्तीय सुविधाएँ उपलब्ध कराना चाहिए।

भारत में जल प्रदूषण से संबंधित पर्यावरणीय कानून

जल प्रदूषण से संबंधित प्राथमिक अधिनियम/नियमः जल (प्रदूषण निवारण एवं नियंत्रण) अधिनियम, 1974 भारत के पहले पर्यावरण विधानों में से एक था। इस अधिनियम

का उद्देश्य 'जल प्रदूषण का निवारण और नियंत्रण के लिए बोर्ड के पूर्वोक्त उद्देश्य को पूरा करने के उद्देश्य से स्थापना के लिए पानी के रखरखाव और पुनर्स्थापन को बहाल करना है।' यह वह अधिनियम है, जिसने जल प्रदूषण की रोकथाम, नियंत्रण और उन्मूलन के द्वारा राज्यों के विभिन्न क्षेत्रों में नदियों और कुओं की स्वच्छता को बढ़ावा देने के लिए केंद्रीय प्रदूषण नियंत्रण बोर्ड और राज्य प्रदूषण नियंत्रण बोर्डों की स्थापना की। भारत में जल प्रदूषण को रोकने के लिए किए गए कार्य और नियम निम्नलिखित हैं:

- जल (प्रदूषण निवारण एवं नियंत्रण) अधिनियम, 1974, 1988 में संशोधन किया गया
- जल (प्रदूषण निवारण एवं नियंत्रण) उपकर अधिनियम, 1977, 1992 और 2003 में संशोधन किया गया।
- जल (प्रदूषण निवारण एवं नियंत्रण) नियम, 1975
- जल (प्रदूषण निवारण एवं नियंत्रण) उपकर नियम, 1978
- केंद्रशासित प्रदेशों में स्थित लघु उद्योग के लिए जल प्रदूषण को रोकने और नियंत्रित करने के लिए मानक।

मिनमाता रोग

मिनमाता रोग पारा विषाक्ता के कारण 1956 में जापान के कुमामोटो प्रीफेक्चर के मिनमाटा शहर में पहली खोज की गई थी। इसने देश में कुमामोटो प्रान्त को प्रभावित किया। यह चिसो निगम के रासायनिक कारखाने से औद्योगिक अपशिष्ट जल में मिथाइल मरकरी की

रिहाई के कारण हुआ था। अत्यधिक जहरीला रासायनिक पदार्थ मिनमाटा खाड़ी निर्वहन से मछलीयों में पारे की विषाक्ता हुई एवं मिनमाता खाड़ी से पकड़ी गई दूषित मछलियों के सेवन से पीड़ितों के शरीर में जहर घुस गया। जहर ने फिर केंद्रीय तंत्रिका तंत्र को प्रभावित किया, जिसके परिणामस्वरूप बीमारी हुई। कई रोगियों ने अपनी सामान्य मानसिक स्थिति खो दी और बीमारी के कारण कुछ महीनों के भीतर ही मर गए। कई सैकड़ों लोग मृत और विकलांग हो गये थे और मिथाइल पारा युक्त मछली के सेवन के कारण मृत्यु का कारण 'मिनमाता रोग' रखा गया था। यह मानव को क्रोमोसोमल विपथन और तंत्रिका संबंधी क्षति का कारण बनता है। पारा जलीय पारिस्थितिकी प्रणालियों में जैविक आवर्धन को दर्शाता है। मिनमाता रोग ने अपने भयावह परिणामों से दुनिया को हिला दिया और जापान ने एक ऐतिहासिक विनियमन, जापानी जल प्रदूषण नियंत्रण अधिनियम 1970 पारित किया।

इताई-इटाई रोग

इताई-इटाई अर्थ 'दर्द' होता है। यह जापान के चार बड़े प्रदूषण रोगों में से एक है, जो पहली बार 1912 में जापान की टोयामा प्रान्त में पाया गया था। इस बीमारी का कारण मित्सिंग माइनिंग एंड स्मेल्टिंग कंपनी को बताया गया था। कैडमियम जिन्स नदी रिवर बेसिन में अपशिष्टों से युक्त होता है। कैडमियम ने मानव शरीर में पीने के पानी के माध्यम से या दूषित पानी में उगाए गए भोजन की खपत के माध्यम से प्रवेश किया। अस्थि भंग, कंकाल संबंधी विकृतियां, गुर्दे की शिथिलता, अत्यधिक दर्द और एनीमिया, आदि।, इताई-इताई रोग के कुछ नैदानिक अभिव्यक्तियाँ थीं।

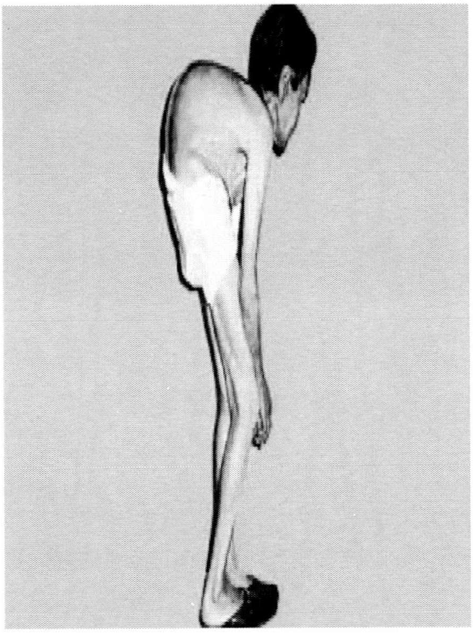

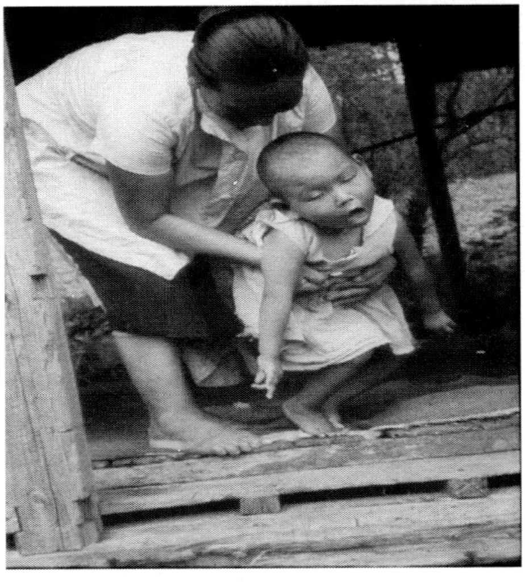

अध्याय 5

मृदा प्रदूषण (Soil Pollution)

औद्योगिक इकाइयों, रासायनिक उर्वरक कारखानों, कपड़ा बनाने वाली इकाइयों, ग्रेफाइट, ताप बिजलीघरों, सीमेंट कारखानों, साबुन, तेल, धातु निर्माण एवं अन्य कारखानों के द्वारा भारी मात्रा में निकलने वाले रसायनों के कारण मृदा पर कुप्रभाव पड़ रहा है। असंतुलित रासायनिक उर्वरक एवं अन्य कृषि रसायनों, कीटनाशकों, खरपतवारनाशकों आदि का प्रयोग तथा विभिन्न औद्योगिक गतिविधियों के अंतर्गत रसायनों एवं अन्य भारी धातुओं के निर्गमन से मृदा एवं वातावरण के कारण स्वास्थ्य पर गहरा कुप्रभाव पड़ रहा है। मृदा जब मानवीय एवं प्राकृतिक क्रियाओं के द्वारा अपनी गुणवत्ता खोने लगती है तो उसे मृदा प्रदूषण कहते हैं। प्राकृतिक क्रियाओं में अपरदन, ज्वालामुखी, भूस्खलन, समुद्री तुफान, बाढ़ एवं मानव की मुख्य क्रियाओं में औद्योगिक अपशिष्ट, घरेलू अपशिष्ट, खनन अपशिष्ट, कृषि अपशिष्ट, अपरदन, वन विनाश, सिंचाई के दोषपूर्ण तरीके, गहन कृषि, रेडियोधर्मी पदार्थ, जीव जन्तु, स्वायत्तशासी संस्थाओं का अपशिष्ट एवं कीटनाशियों का उपयोग आदि से है जो मृदा की गुणवता में कमी लाते है।

मृदा प्रदूषण

मृदा में जब किसी धातु या रसायन का सांद्रण सामान्य से अधिक हो जाता है जिससे मृदा के भौतिक, रासायनिक एवं जैविक गुणों मे कमी होने लगती है उसे मृदा प्रदूषण कहते हैं।

मृदा प्रदूषण के मुख्य कारण

मृदा प्रदूषण से मृदा की उर्वरा शक्ति प्रभावित होती हैं। मृदा प्रदूषण के मुख्य कारणों को आगे दर्शाया गया है जिसका संक्षिप्त में वर्णन निम्न प्रकार है:

1. **प्राकृतिक:** ज्वालामुखी विस्फोट, अपरदन, भूस्खलन, भूकंप, समुद्री तुफान, बाढ़, भौगोलिक परिवर्तन, वर्षा पैटर्न में परिवर्तन, सुनामी आदि।
2. **मानवजनित:** औद्योगिक अपशिष्ट, घरेलू अपशिष्ट, खनन अपशिष्ट, कृषि अपशिष्ट, अपरदन, भूस्खलन, वन विनाश, सिंचाई के दोषपूर्ण तरीके, गहन कृषि, रेडियोधर्मी पदार्थ, निर्माण गतिविधियाँ, जीव जन्तु, स्वायत्तशासी संस्थाओं का अपशिष्ट आदि।

मृदा प्रदूषण के कारण

- प्राकृतिक
  - ज्वालामुखी विस्फोट
  - अपरदन
  - भूस्खलन
  - भूकंप
  - समुद्री तूफान
  - बाढ़
  - भौगोलिक परिवर्तन
  - वर्षा पैटर्न में परिवर्तन
  - सुनामी
- मानवजनित
  - औद्योगिक अपशिष्ट
  - घरेलू अपशिष्ट
  - खनन अपशिष्ट
  - कृषि अपशिष्ट
  - अपरदन
  - वन विनाश
  - भूस्खलन
  - सिंचाई के दोषपूर्ण तरीके
  - गहन कृषि
  - रेडियोधर्मी पदार्थ
  - निर्माण गतिविधियां

- **अपशिष्ट पदार्थः** कृषि अपशिष्ट, कीटनाशक, घरेलू कचरा, लौह अपशिष्ट, औद्योगिक इकाइयों के अपशिष्ट आदि भूमि को प्रदूषित करते हैं। इन अपशिष्टों में जहरीले अकार्बनिक एवं कार्बनिक रसायनों के अवशेष पाए जाते हैं, जो हानिकारक होते हैं। इनमें रेडियो-विकिरण तत्व जैसे कैडमियम, यूरेनियम, स्ट्रॉन्शियम, लैड आदि पाए जाते हैं, जो भूमि की जीवंतता एवं उर्वरता को प्रभावित करते हैं। चिमनियों से निकलने वाला पदार्थ (फ्लाई एश) औद्योगिक क्षेत्र के आस-पास प्रदूषण का मुख्य स्रोत है। बहुत से अपशिष्ट, जिनका जैविक अपघटन (Biological degradation) नहीं होता जैसे- पॉलीथिन बैग, प्लास्टिक आदि बहुत समय तक मृदा में अवरुद्ध रहकर मृदा की भौतिक संरचना को प्रभावित करते हैं।
- **खनन अपशिष्टः** विभिन्न धातुओं के अयस्क, अभ्रक आदि के उत्खनन से निकला मलबा तथा सूक्ष्म कण, वायु तथा पानी के साथ प्रवाहित होकर निकटवर्ती भूमि में पहुँचकर उस क्षेत्र की मृदा उर्वरता को समाप्त कर देते हैं। साथ ही खनन और गलाने की गतिविधियां मृदा के प्रदूषण के घातक कारण हैं। खनिज अयस्कों का निष्कर्षण और प्रसंस्करण पृष्ठ परत को नुकसान पहुंचाता है।

- **घरेलू एवं नगरपालिका अपशिष्ट:** घरेलू अपशिष्ट की बढ़ती मात्रा के कारण मृदा प्रदूषण बढ़ रहा है। घरेलू अपशिष्ट में खाद्य स्क्रैप, पुराने समाचार पत्र और प्लास्टिक के सामान, बोतलें, लकड़ी, चश्मा, डिब्बे, पुराने उपकरण, टायर, फर्नीचर, टूटे हुए खिलौने और कई अन्य पदार्थ शामिल हैं। शहरों में घरेलू और नगरपालिका अपशिष्ट का डंपिंग एक गंभीर समस्या है। मनुष्यों में रोग जैसे डाइसेंटरी (पेचिश), दस्त (अतिसार), प्लेग, मलेरिया और कई अन्य बीमारियाँ कचरे के अंधाधुंध डंपिंग का परिणाम हैं।

सारणी 5.1 मृदा प्रदूषण के प्रदूषक, स्रोत एवं उनका मानव स्वास्थ्य पर दुष्परिणाम

क्र.स.	मुख्य मृदा प्रदूषक	स्रोत	मानव स्वास्थ्य पर विषाक्त प्रभाव
1.	सीसा	पेन्ट, खाद्यान्न, वाहन धुआं कृषि रसायन आदि	तंत्रिका तंत्र, याददाश्त एवं सामान्य विकास पर प्रभाव
2.	मरकरी (पारा)	खाद्यान्न, प्रसंस्करण, पौधे, सब्जियों एवं अन्य खाद्यान्नो के संग्रहण एवं चिकित्सा सम्बंधित स्रोतो	जलन, दर्द, मस्तिष्क एवं गुर्दे पर कुप्रभाव, बालों का झड़ना एवं उच्च रक्तचाप
3.	आर्सेनिक	कोयला खदानों, विद्युत उद्योग, कृषि रसायन आदि	गुर्दे, जीभ, पित्ताशय आदि संबंधित कैंसर, डायरिया, पाचन में कमी।
4.	अन्य धातुएं (मैंग्नीज, कॉपर, कैडमियम, जिंक, निकिल)	खाद्यान्न, रासायनिक उर्वरक, औद्योगिक अपशिष्ट	विभिन्न धातुओं का अलग-अलग प्रभाव
5.	पॉलीरोमेटिक हाइड्रोकार्बन	कोयला खदानों से, वाहनों के धुएं, पौधे एवं सब्जियों में संग्रहण, फसल अपशिष्ट, लकड़ी आदि के जलाने से	त्वचा पर प्रभाव, आंखों में जलन, किडनी एवं लीवर पर कुप्रभाव, त्वचा, जीभ, पित्ताशय आदि में कैंसर, त्वचा संबंधित व्याधियां।

- **औद्योगिक अपशिष्ट:** औद्योगिक प्रदूषक मुख्य रूप से लुगदी, पेपर मिलों, रासायनिक उर्वरकों, तेल रिफाइनरियों, चीनी कारखानों, कपड़ा, स्टील, डिस्टिलरीज, उर्वरक, कीटनाशक, कोयले, खनिज खनन उद्योग, दवाओं, कांच,

सीमेंट, पेट्रोलियम और इंजीनियरिंग उद्योगों से मृदा या पानी में छोडा जाता हैं जिससे मृदा प्रदूषित हो रही है।

- **दोषपूर्ण कृषि पद्धतियाँः** खेतों में प्रयुक्त उर्वरकों, कीटनाशकों और शाकनाशकों के कारण मृदा प्रदूषण होता है। अक्सर, कार्बनिक यौगिकों वाले लीड, पारा और आर्सेनिक जैसे रासायनिक उर्वरकों का उपयोग फसलों में किया जाता है। वे अपनी भौतिक और रासायनिक गुणों को बदलकर मिट्टी को दूषित करते हैं। मिट्टी में इस तरह के प्रदूषण के परिणामस्वरूप, फसलों और पौधों की वृद्धि में कमी आती है।
- **मृदा अपरदनः** इससे मृदा में मौजूद पोषक तत्व एवं कार्बनिक कार्बन नष्ट हो जाते है परिणामस्वरुप उर्वरता में कमी होती है। मृदा अपरदन की मात्रा एवं विस्तार, वर्षा की मात्रा, तापमान, भूमि के ढलान, वायु की गति तथा प्राकृतिक वनस्पति पर निर्भर करती है।
- **कृषि रसायनः** व्यावसायिक कृषि में खरपतवारनाशी–कीटनाशी आदि का बेतहाशा प्रयोग किया जा रहा है साथ में मृदा जाँच के बिना ही रासायनिक उर्वरकों (Chemical fertilizers) का भी प्रयोग दिनों–दिन बढ़ रहा है जिससे भूमिगत जल संसाधन प्रदूषित हो रहे हैं। असंतुलित रासायनिक उर्वरकों के प्रयोग से फसलों में कीटों एवं रोगो का प्रकोप बढ जाता है अतः इनके नियंत्रण हेतु अधिक कीटनाशकों का उपयोग किया जाता है जिससे मृदा के सूक्ष्म जीव नष्ट हो रहे हैं फलस्वरूप मिट्टी की गुणवत्ता में कमी हो रही है।
- **वन विनाशः** वनों के विनाश का दुष्प्रभाव मृदा पर पड़ता है। वृक्षों एवं पौधों से जैविक तत्व प्राप्त होते हैं जो मृदा की उपजाऊपन बढाते है। वनों के विनाश/काटने से मृदा अपरदन की मात्रा में वृद्धि हो जाती है।
- **रेडियोधर्मी पदार्थः** परमाणु परीक्षणों में विस्फोट के समय होने वाले ''फाल आउट'' में रेडियोधर्मी तत्व जब पृथ्वी पर गिरते हैं तो मृदा को प्रदूषित करते हैं।

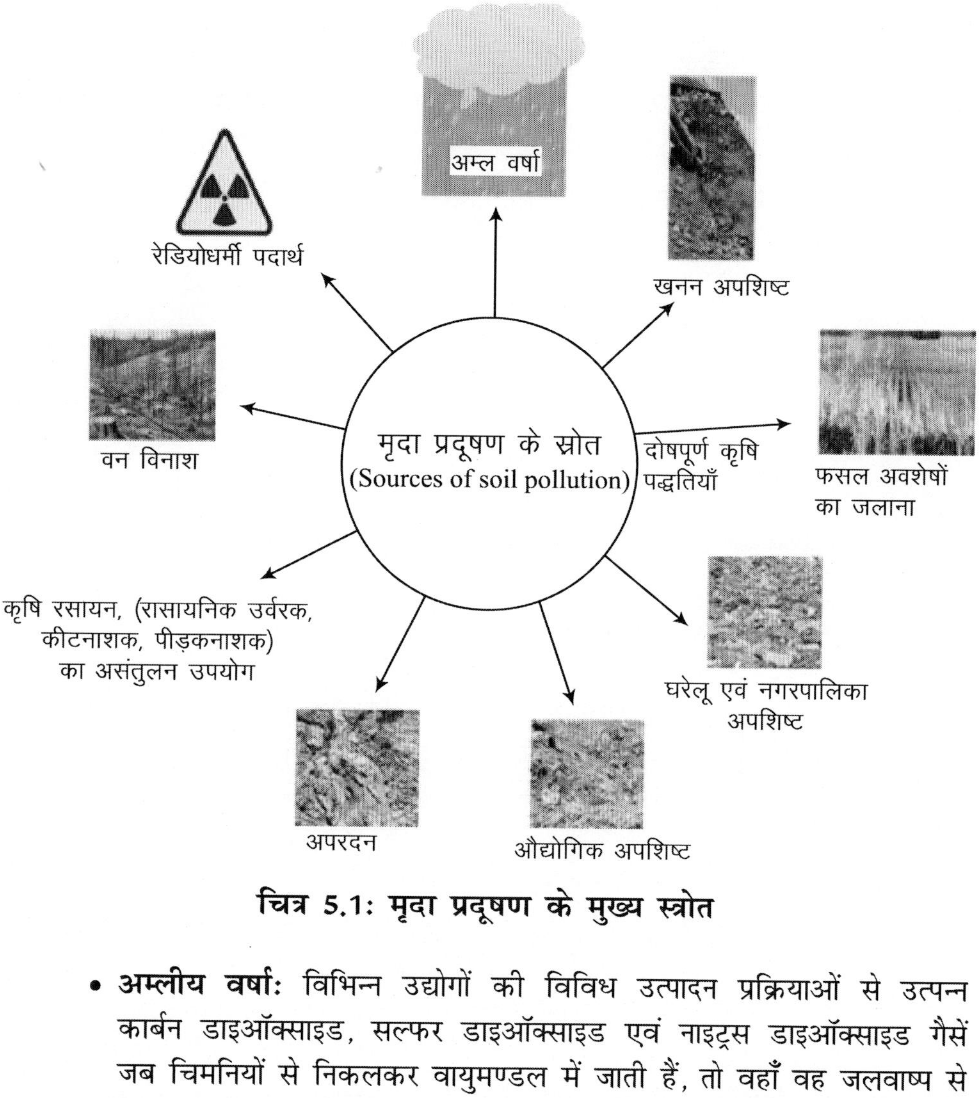

चित्र 5.1: मृदा प्रदूषण के मुख्य स्त्रोत

- **अम्लीय वर्षा:** विभिन्न उद्योगों की विविध उत्पादन प्रक्रियाओं से उत्पन्न कार्बन डाइऑक्साइड, सल्फर डाइऑक्साइड एवं नाइट्रस डाइऑक्साइड गैसें जब चिमनियों से निकलकर वायुमण्डल में जाती हैं, तो वहाँ वह जलवाष्प से मिलकर क्रमशः कार्बोनिक अम्ल, सल्फ्यूरिक अम्ल तथा नाइट्रिक अम्ल बनाती हैं। यह गैसें परम्परागत ईंधन के दहन के कारण एवं वाहनों से निकलने वाले धुएं से भी निकलकर वायुमण्डल में जाकर मिलती हैं। वर्षा के साथ यह अम्ल पथ्वी पर आ जाते हैं, इसे ही अम्लीय वर्षा कहते हैं। इस वर्षा से मिट्टी में अम्लीयता बढ़ जाती है तथा पीएच मान में कमी होने के कारण मिट्टी के उपजाऊपन पर भी प्रभाव पड़ता है। इस से जंगल नष्ट हो जाते हैं, बड़े-बड़े भवन, इमारतें, स्मारक आदि का क्षय होने लगता है। पानी के दूषित होने पर जलीय जानवर एवं वहाँ की वनस्पति को भी नुकसान पहुंचता है।

मृदा प्रदूषण के विपरीत प्रभाव

मृदा प्रदूषण का दुष्प्रभाव न केवल मृदा की गुणवत्ता पर पड़ता है अपितु जीव-जन्तु और मानव जीवन पर भी पडता है। मृदा प्रदूषण जल एवं वायु प्रदूषण का कारण भी बनता है। मृदा प्रदूषण के दुष्प्रभाव इस प्रकार है:

1. **कृषि पर प्रभावः** प्रदूषित जल से लगातार सिंचाई करने से मृदा रन्ध्र अवरुद्ध हो जाते हैं जिससे मृदा में अवायुवीय स्थिती उत्पन्न हो जाती है फलस्वरूप मृदा जीव निष्क्रिय हो जाते है या मर जाते हैं। साथ ही मृदा प्रदूषण के कारण मृदा की उर्वरता में ह्रास होने से उनकी उर्वरता घट जाती है जिसके कारण कृषि उत्पादन में भारी कमी आती है।

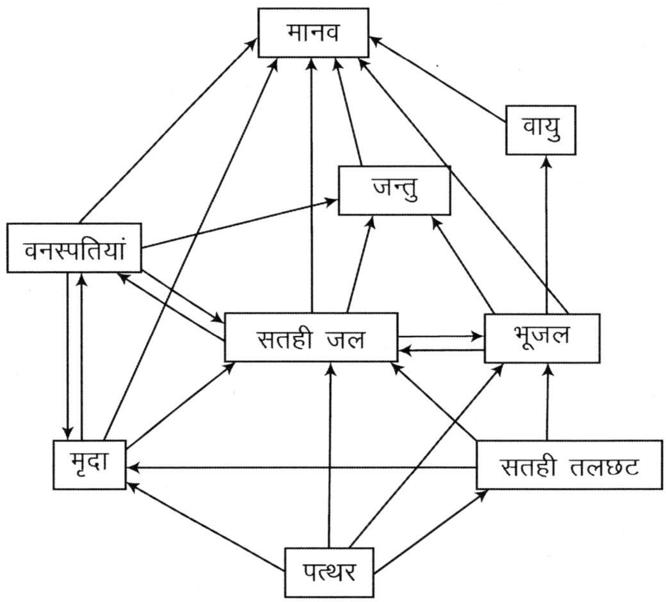

चित्र 5.2: विषैले तत्वों के पौधों, मिट्टी, जानवरों और मनुष्यों में केंद्रित होने के संभावित रास्ते

2. **पौधों की वृद्धि एवं विकास पर प्रभावः** लगातार बढ़ती जनसंख्या के लिए खाद्य आपूर्ति के लिए अंधाधुंध रासायनिक उर्वरक, कृषि रसायनों, कीटनाशकों, खरपतवारनाशकों आदि का प्रयोग, औद्योगिक गतिविधियों के रसायन, पेट्रोलियम, हाइड्रोकार्बन, नेफ्थलीन आदि और अन्य भारी धातुओं के कारण मृदा वातावरण पर गहरा दुष्प्रभाव पड़ रहा है। भारी धातुओं (कोबाल्ट, निकल, ताँबा, पारा, सीसा)

एवं विषाक्त रसायनों का स्तर मृदा में सामान्य से अधिक होने पर उसका प्रभाव मृदा में उपस्थित सूक्ष्मजीवों पर पड़ता है। इससे उनकी संख्या में कमी एवं जैव क्रियाओं के साथ-साथ पौषक तत्व खनिजीकरण बाधित होता है जिससे पौधों की वृद्धि एवं विकास पर सीधा प्रभाव पड़ता है।

3. **मानव एवं जीव-जन्तुओं के स्वास्थ्य पर विपरीत प्रभाव:** कीटनाशक एवं भारी धातुओं का असर मृदा में लंबे समय तक सक्रिय अवस्था में रहते हैं जो की पौधे एवं जन्तुओं द्वारा अवशोषित कर लिये जाते है। दूषित मृदा में फसल, सब्जियाँ एवं फल इत्यादि उगाने से ये हानिकारक रसायन एवं भारी धातुएँ (कोबाल्ट, निकल, ताँबा, पारा, सीसा) पौधों के द्वारा सामान्य स्तर से अधिक अवशोषित होती है। खाद्य श्रृंखला के माध्यम से ये जीव-जन्तुओं के शरीर में पहुँचकर नुकसान पहुँचाते हैं तथा पक्षियों में अणुघनन की क्रिया को विलम्बित करते हैं। इसके अतिरिक्त मानव शरीर में प्रवेश करके मानव के स्वास्थ्य को प्रभावित करती है। सीसा एवं आर्सेनिक संचयी विष होने के कारण एनीमिया जैसे रोग हो जाते हैं एवं विभिन्न प्रकार के रोग एवं व्याधियां उत्पन्न होते हैं।
4. **भवन निर्माण पर प्रभाव:** मृदा अपरदन के कारण प्रवाहित जल के साथ बहकर आने वाले लवणीय पदार्थ जल स्त्रोतों जैसे तालाब व झीलों में एकत्रित होते रहते हैं एवं जलीय जीव-जन्तुओं पर दूष्प्रभाव डालते है। सल्फर-डाइऑक्साइड या सल्फर के यौगिक जल से क्रिया करके अम्ल बनाते हैं। अम्ल वर्षा के कारण भवनों की स्थिति प्रभावित होती है।
5. **मृदा संरचना में परिवर्तन:** मृदा में प्रदूषण के कारण अधिकतर मृदा जीवों, केंचुआ आदि की मृत्यु होने एवं कार्बनिक पदार्थों का समयानुसार अपघटन न होने से मृदा संरचना में भी परिवर्तन होता है।
6. **वनस्पति पर प्रभाव:** सल्फर-डाइऑक्साइड या सल्फर के यौगिक जल से क्रिया करके अम्ल बनाते हैं जो मृदा पर आकर उसे अम्लीय बना देते हैं। अम्ल वर्षा में उपस्थित तत्व मृदा तत्वों की संरचना को परिवर्तित कर देते हैं। इसका मृदा स्वास्थ्य एवं पौधों पर बुरा प्रभाव पड़ता है।

मृदा प्रदूषण नियंत्रण: मृदा की गुणवता को बनाये रखने के लिए निम्न उपाय है:

1. वृक्षारोपण द्वारा मृदा को प्रदूषित होने से बचाया जा सकता है।
2. झूमिंग कृषि पर प्रतिबंध के द्वारा भू-क्षरण की समस्या को कम किया जा सकता है।

3. वन कटाव पर प्रतिबंध लगाकर मृदा अपरदन तथा इसके पोषक तत्वों को सुरक्षित रखने के लिए मृदा संरक्षण प्रणालियों को अपनाया जाए।
4. जीवनाशी रसायनों के प्रयोग को परिसीमित कर समन्वित कीट प्रबंधन प्रणाली को अपनाकर मृदा को प्रदूषित होने से बचाया जा सकता है।
5. लवणता की अधिकता वाली मृदा के सुधार के लिए वैज्ञानिकों के सुझाव के अनुसार जिप्सम, पाइराइट्स जैसे रासायनिक मृदा सुधारकों का प्रयोग किया जाये।
6. कूडे-करकट में विद्यमान व्यर्थ कागज, अपशिष्ट आदि को पुनश्चक्रिय प्रक्रिया द्वारा उपयोगी स्वरूपों (लाभदायक जैविक खाद) में परिवर्तित कर मृदा को प्रदूषित होने से बचाया जा सकता है।
7. ऊर्जा उत्पादन- अपशिष्ट पदार्थों से ऊर्जा उत्पादन कर सदुपयोग किया जा सकता है। धातु रहित अपशिष्ट पदार्थों से अनेक तकनीकों द्वारा ऊर्जा उत्पादित की जाती है।
8. जैविक खेती को अपनाकर मृदा को प्रदूषित होने से बचाया जा सकता है।
9. रासायनिक उर्वरकों का नियंत्रित उपयोग- कृषि कार्यों में रासायनिक उर्वरकों का उपयोग नियंत्रित एवं संतुलित होना चाहिए। समन्वित पादप पोषण प्रबंधन का उपयोग करके भी मृदा को प्रदूषित होने से बचाना जा सकता है।
10. रेडियोधर्मी पदार्थों का कम से कम उपयोग करके भी मृदा को प्रदूषित होने से बचाया जा सकता है।
11. कृषि कार्यों में कीटनाशकों का उपयोग आवश्यकतानुसार करके मृदा को प्रदूषित होने से बचाया जा सकता है।

अध्याय 6

ध्वनि प्रदूषण
(Noise Pollution)

ध्वनि एक सबसे अधिक व्यापक प्रदूषक है। संगीतमय घड़ी दिन में मधुर लग सकती है, परन्तु रात को सोते समय तकलीफ दे सकती है। शोर को इस प्रकार परिभाषित कर सकते हैं- 'व्यर्थ की ध्वनि' या 'कोई भी ऐसी ध्वनि जो सुनने वाले के लिये रुचिकर न हो। वर्तमान में अधिक श्रम-बचत करने वाले उपकरणों, खेल, शिल्प, उच्च-वाट स्टीरियो, लाउडस्पीकर, बड़े निर्माण मशीनरी, उद्योगों का शोर- जैसे पत्थरों का काटना और कूटना, स्टील को तपा कर पीटना (लोहार का काम), अपना सामान बेचने के लिये विक्रेता का चिल्लाना, भारी परिवहन वाहनों के चलने से, रेलगाड़ियाँ और हवाई जहाज की बढ़ती संख्या के उपयोग के प्रति रुझान कष्टदायक ध्वनि उत्पन्न करते हैं जिससे कई प्रकार की परेशानियाँ पैदा हो रही है जैसे- रक्तचाप का बढ़ना, क्रोध आना, कार्य कुशलता में कमी, श्रवण शक्ति का क्षीण होना आदि।

प्रारम्भ में ये अल्पकाल के लिये हो सकते हैं परन्तु यदि ध्वनि का स्तर तीव्र हो रहा है तो स्थायी रूप से भी हो सकती है। अतः अत्यधिक कोलाहल पर नियंत्रण करना अत्यन्त आवश्यक है। ध्वनि की उच्चता का स्तर डेसिबल (डीबी) में नापा जाता है। विश्व स्वास्थ्य संगठन (डब्ल्यू.एच.ओ.) ने ध्वनि का स्तर दिन में 45 डीबी और रात्रि में 35 डीबी निश्चित किया है। 85 डीबी से उच्च स्तर पर होने वाली ध्वनि हानिकारक है। तालिका संख्या 6.1 में कुछ सामान्य गतिविधियों की ध्वनि की तीव्रता दी गई है। इस अध्याय में ध्वनि के स्रोतों, विशेषताओं, प्रभाव और ध्वनि प्रदूषण को नियंत्रित करने के लिए उपयोग किए जाने वाले कुछ दिशा निर्देशों को सूचीबद्ध किया गया है।

तालिका 6.1: कुछ ध्वनि स्रोत और उनकी तीव्रता

स्रोत	तीव्रता {डेसिबल (dB)}	स्रोत	तीव्रता {डेसिबल (dB)}
चुपचाप बातचीत	20–30	रेडियो संगीत	50–60
उच्च आवाज में बातचीत	60	यातायात ध्वनि	60–90
घास काटने की मशीन	60–80	भारी वाहन ट्रक	90–100
हवाई जहाज की ध्वनि	90–120	अंतरिक्ष यान	140–179
बीट संगीत	120	जेट इंजन	140
मोटर साइकिल	105		

केंद्रीय प्रदूषण नियंत्रण बोर्ड (सीपीसीबी) समिति ने विभिन्न स्थानों के लिए स्वीकार्य शोर स्तर की सिफारिश की है जिसे तालिका 6.2 में दिया गया है।

तालिका 6.2: केंद्रीय प्रदूषण नियंत्रण बोर्ड के विभिन्न स्थानों के लिए स्वीकार्य शोर स्तर

क्षेत्र	स्वीकार्य शोर स्तर (डेसिबल)	
	दिन में	रात में
औद्योगीक क्षेत्र	75	70
वाणिज्यिक क्षेत्र	65	55
आवासीय क्षेत्र	55	45
शान्त क्षेत्र (Silent zone)	50	40

शब्द ध्वनि/शोर लैटिन शब्द NAUSEA से लिया गया है जिसका अर्थ है "अवांछित ध्वनि"/अप्रिय या ध्वनि तेज।

ध्वनि प्रदूषण की परिभाषा

शोर एक ऐसी ध्वनि है, जो किसी व्यक्ति को अवांछनीय लगती है और उसकी कार्यक्षमता (Efficiency) को प्रभावित करती है। (जे. टिफिन के अनुसार)

ध्वनि प्रदूषण के स्रोत

ध्वनि प्रदूषण की समस्या निरन्तर बढ़ने वाली समस्या है। सभी मानव गतिविधियाँ भिन्न-भिन्न स्तरों पर ध्वनि-प्रदूषण को बढ़ावा देती हैं। ध्वनि प्रदूषण के अनेक स्रोत हैं जो घर के अन्दर और बाहर दोनों ही जगह हैं।

भीतरी स्रोत (इनडोर स्रोत): इसमें रेडियो, टेलीविजन, जनरेटर, बिजली के पंखे, एयर कूलर, एयरकंडीशनर, विभिन्न घरेलू उपकरण और पारिवारिक विवाद से उत्पन्न शोर निहित हैं। शहरों में ध्वनि प्रदूषण अधिक है क्योंकि शहरों में आबादी घनी है, उद्योग और यातायात जैसी गतिविधियाँ अधिक हैं। अन्य प्रदूषकों की भाँति शोर भी औद्योगिकीकरण, शहरीकरण और आधुनिक सभ्यता का एक उप-उत्पाद है।

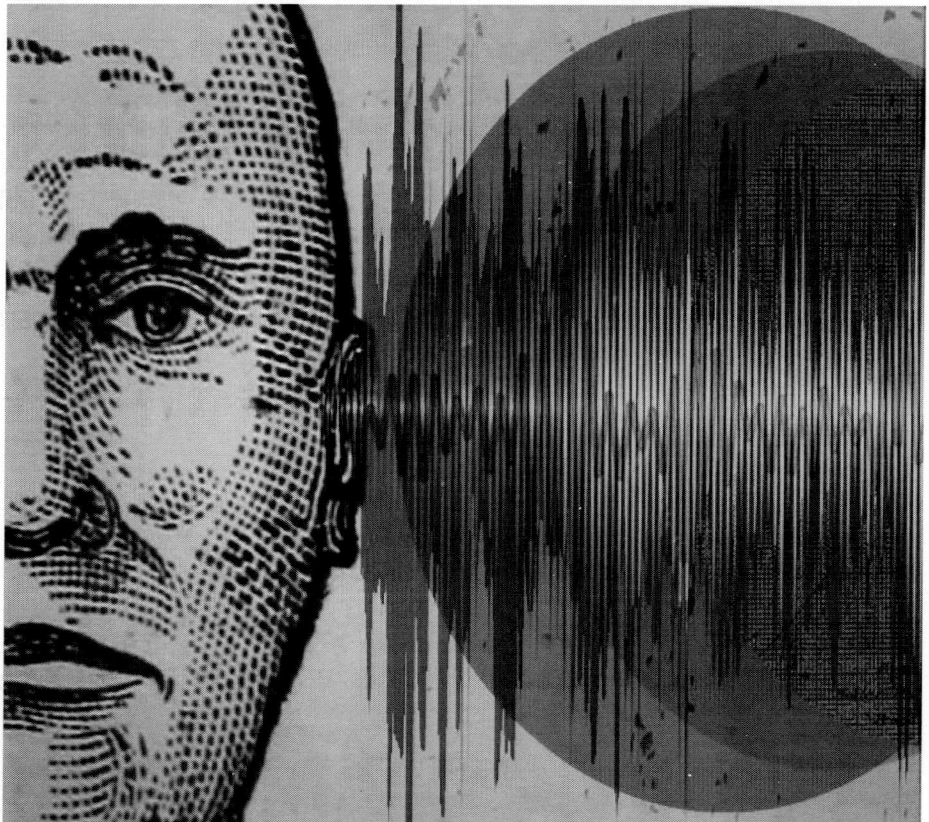

बाह्य स्रोतः लाउडस्पीकरों का विवेकहीन प्रयोग, औद्योगिक गतिविधियाँ, मोटरगाड़ियाँ, रेल-यातायात, हवाई जहाज और बाजार, धार्मिक, सामाजिक और सांस्कृतिक कार्यक्रमों की गतिविधियाँ, खेलकूद और राजनैतिक रैलियाँ ध्वनि प्रदूषण के बाह्य स्रोत हैं। ग्रामीण क्षेत्रों में खेती में काम आने वाली मशीनें, पम्प सेट ध्वनि प्रदूषण के प्रमुख स्रोत होते हैं। त्योहारों, शादियों और अन्य अनेक अवसरों पर आतिशबाजी का प्रयोग भी ध्वनि प्रदूषण को बढ़ावा देता है। ध्वनि प्रदूषण के स्रोतों को मुख्यतः दो भागों क्रमशः प्राकृतिक स्रोत एवं मानवीय स्रोत में बाँटा गया है जिनका संक्षेप में वर्णन नीचे दिया गया है।

1. **प्राकृतिक स्रोतः** प्राकृतिक क्रियाओं के फलस्वरूप भी ध्वनि प्रदूषण होता है। परन्तु प्राकृतिक ध्वनि प्रदूषण अपेक्षाकृत अल्पकालीन होता है तथा हानि भी कम होती है। प्राकृतिक स्रोतों के अंतर्गत बादलों की गड़गड़ाहट, बिजली का कड़कना, तूफानी हवाएँ आदि।
2. **मानवीय स्रोतः** बढ़ते हुए शहरीकरण, परिवहन (रेल, वायु, सड़क) खनन के कारण शोर की समस्या गंभीर रूप लेती जा रही है। वस्तुतः शोर और मानवीय सभ्यता सदैव साथ रहेंगे। ध्वनि प्रदूषण के प्रमुख मानवीय स्रोत निम्न हैं- घरेलू, सामाजिक, व्यावसायिक, परिवहन स्रोत।
    - **घरेलू स्रोतः** घरेलू स्रोत अपने आप में एक उद्योग है और कई भीतरी (इनडोर) शोरों का स्रोत है जैसे कि दरवाजों एवं खिड़कियों की खनखनाहट, बच्चों के खेलने का शोर, निवासियों का जोर से वार्तालाप और पारिवारिक विवाद आदि हैं। इसके अलावा घरों में मनोरंजन के साधन जैसे रेडियो, होम थियटर और टेलीविजन सेट के अतिरिक्त विभिन्न घरेलू उपकरण जैसे मिक्सर-ग्राइंडर, प्रेशर कुकर, वैक्यूम क्लीनर, डेजर्ट कूलर, एयर-कंडीशनर, सिलाई और वॉशिंग मशीन, एग्जॉस्ट फैन, जैसे घरेलू गैजेट ध्वनि प्रदूषण के सभी इनडोर स्रोत हैं (चित्र 6.1)। शहरों में ध्वनि प्रदूषण अधिक है क्योंकि शहरों में आबादी घनी है, उद्योग अधिक है और यातायात जैसी गतिविधियाँ भी अधिक हैं। अन्य प्रदूषकों की भाँति शोर भी औद्योगिकीकरण, शहरीकरण और आधुनिक सभ्यता का एक उप-उत्पाद है।

चित्र 6.1: ध्वनि प्रदूषण के घरेलू स्त्रोत

- **सामाजिक स्रोतः** लोगों के द्वारा लाउडस्पीकरों का विवेकहीन उपयोग विभिन्न धार्मिक, सामाजिक और सांस्कृतिक कार्यक्रमों की गतिविधियाँ, खेलकूद और राजनैतिक रैलियाँ एवं व्यावसायिक विज्ञापन के लिए किया जा रहा है। त्योहारों, शादियों और अन्य अनेक अवसरों पर आतिशबाजी का प्रयोग भी ध्वनि प्रदूषण को बढ़ावा देता है। इसलिए, सार्वजनिक प्रणाली ध्वनि प्रदूषण के प्रति अपने तरीके से योगदान देती है। ध्वनि प्रदूषण के विभिन्न सामाजिक स्त्रोतों को चित्र 6.2 में दर्शाया गया है।

चित्र 6.2: ध्वनि प्रदूषण के सामाजिक स्त्रोत

- **व्यावसायिक स्रोतः** औद्योगीकरण में प्रगति से ध्वनि प्रदूषण पैदा हुआ है। प्रिंटिंग प्रेस, इंजीनियरिंग प्रतिष्ठान और धातु कार्य आदि ध्वनि प्रदूषण के लिए भारी योगदान करते हैं एवं ऑटोमोबाइल रिपेयर शॉप्स, कंस्ट्रक्शन-वर्क्स, ब्लास्टिंग, बुलडोजर, स्टोन क्रशिंग आदि ध्वनि प्रदूषण के अन्य स्रोत हैं।
- **परिवहन स्रोतः** बडे शहरों में ऑटोमोबाइल क्रांति ध्वनि प्रदूषण का एक प्रमुख स्रोत है। तेजी से बढ़ती जनसंख्या एवं व्यक्तिगत वाहनों के अधिक उपयोग ने घनी आबादी क्षेत्रों में ट्रैफिक जाम को जन्म दिया है, जहाँ वाहन चालकों द्वारा बार-बार हॉर्न बजाने से ध्वनि प्रदूषण तेजी से फैलता है एवं कई प्रकार की गम्भीर समस्यायें पैदा हो रही है। अन्तरिक्ष उडाने, रॉकेट आदि के द्वारा भी ध्वनि प्रदूषण होता है। आबादी केंद्रों के आसपास के क्षेत्र में स्थित हवाई अड्डा और हवाई जहाज आवासीय क्षेत्रों के ऊपर से गुजरते हैं। रेलगाड़िया, भारी ट्रक, बस, जेट-प्लेन, मोटर-साइकिल, स्कूटर, मोपेड, जीप-वाहनों की सूची अंतहीन है, लेकिन इसका परिणाम समान है-ध्वनि प्रदूषण।

चित्र 6.3: ध्वनि प्रदूषण के व्यावसायिक स्त्रोत

चित्र 6.4: ध्वनि प्रदूषण के परिवहन स्त्रोत

ध्वनि प्रदूषण के प्रभाव

शोर आमतौर पर स्वास्थ्य के लिए हानिकारक एवं गंभीर खतरा है। यह मनुष्य के ऊपर कई शारीरिक और मनोवैज्ञानिक प्रभाव के साथ-साथ पशु-पक्षियों के ऊपर भी नकारात्मक प्रभाव डालता है। ध्वनि प्रदूषण सबसे अधिक परेशानी और झल्लाहट पैदा करता है। ध्वनि प्रदूषण स्तर और इसके हानिकारक प्रभावों को तालिका 6.3 में दिया गया है। ध्वनि प्रदूषण के निम्नलिखित प्रभाव है:

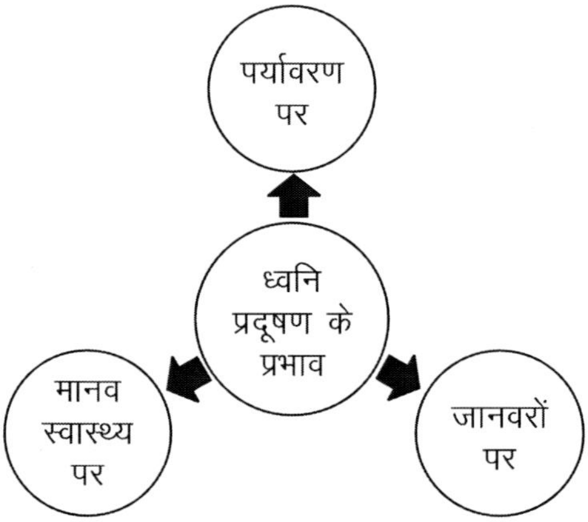

तालिका 6.3: ध्वनि प्रदूषण स्तर और इसके हानिकारक प्रभाव

स्तर (डेसिबल)	प्रभाव
23 तक	कोई गड़बड़ी नहीं
30-60	तनाव, मनोवैज्ञानिक (बीमारी, दिल का दौरा) प्रभाव
60-90	स्वास्थ्य, मनोवैज्ञानिक (पेट-पित्त कार्य में गड़बड़ी, मांसपेशियों में दर्द, उच्च रक्तचाप, नींद में गड़बड़ी)
60-120	कान के रोगों, स्वास्थ्य को नुकसान
120 से ऊपर	लंबे समय में दर्दनाक प्रभाव

ध्वनि प्रदूषण का मानव स्वास्थ्य पर प्रभाव

- उच्च रक्तचाप (Hypertension), तनाव संबंधी बीमारी, नींद में विघ्न, सुनने की क्षमता में कमी और उत्पादकता में कमी ध्वनि प्रदूषण से संबंधित समस्याएं हैं।
- यह स्मरण क्षमता में कमी, चिड़चिड़ापन, गंभीर मानसिक अवसाद और क्रोध का कारण भी बन सकता है।
- ध्वनि प्रदूषण से व्यक्ति की कार्य कुशलता और क्षमता पर विपरीत प्रभाव पड़ता है।

- ध्वनि प्रदूषण के प्रभाव से मानव की प्रजनन क्षमता भी प्रभावित होती है।

ध्वनि प्रदूषण का वन्यजीव पर प्रभाव

- वन्यजीव मनुष्यों की तुलना में कहीं अधिक समस्याओं का सामना करते हैं क्योंकि वे अपने अस्तित्व के लिए ध्वनि पर अधिक निर्भर होते हैं।
- ध्वनि प्रदूषण जानवरों में हार्मोनल संतुलन और तनाव का कारण बनता है।
- ध्वनि प्रदूषण के स्तर में वृद्धि के कारण जीवों का निवास स्थान विनाश हो जाता है जिससे जीव विलुप्त हो सकते हैं।
- शोर/ध्वनि प्रदूषण से जंगली जानवरों को भी गंभीर नुकसान हो सकता है। यह पक्षियों के प्रवास एवं पक्षियों के पर्यावरण पारिस्थितिकी तंत्र को भी प्रभावित करता है।
- ध्वनि प्रदूषण के प्रभाव से पशु–पक्षियों की प्रजनन क्षमता प्रभावित होती है।
- ध्वनि प्रदूषण के कारण जानवर अपने दिमाग या तंत्रिका तंत्र के नियंत्रण को खो देते है।
- ध्वनि प्रदूषण के कारण कई बार जानवर खतरनाक और हमलावर हो जाते हैं।

ध्वनि प्रदूषण का पर्यावरण पर प्रभाव

- उच्च स्तर के शोर से पौधों की उत्पादन क्षमता प्रभावित होती है।
- कुछ पौधों की वृद्धि पर ध्वनि प्रदूषण का हानिकारक प्रभाव पड़ता है।
- ध्वनि प्रदूषण से फसलों की गुणवत्ता खराब होती है।

ध्वनि प्रदूषण की रोकथाम और नियंत्रण

निम्न बातों को अनिवार्य रूप से अपनाने से ध्वनि प्रदूषण को नियंत्रित या कम किया जा सकता है–

1. इनमें से सबसे महत्वपूर्ण ध्वनि प्रदूषण के स्रोत को नियंत्रित करना है। यदि ध्वनि प्रदूषण के स्रोत पर्याप्त रूप से नियंत्रित या शांत है, तो बाकी समस्या अनिवार्य रूप से आसानी से हल हो जाती है।
2. नए उत्पादों का डिजाइन इस प्रकार करना चाहिए की वे कम से कम ध्वनि/शोर करे एवं ध्वनि नियंत्रित करने के लिए पर्याप्त मफलर एवं अवशोषक इंजन डिजाइन होने चाहिए।

3. गाड़ियों के उचित रखरखाव और अच्छी बनावट से सड़क यातायात के शोर को कम किया जा सकता है।
4. उच्च ध्वनि फैलाने वाली मशीनों की नियमित रूप से सर्विसिंग और ऑटोमोबाइल की टयूनिंग ध्वनि प्रदूषण को प्रभावी ढंग से कम कर सकती है।
5. ध्वनि कम करने के उपायों में ध्वनि टीलों का निर्माण, ध्वनि को क्षीण करने वाली दीवारों का निर्माण और सड़कों का उचित रखरखाव और सीधी सपाट सतह होना आवश्यक है।
6. रेल इंजनों की रीट्रोफिटिंग (Retrofitting), रेल की पटरियों की नियमित वेल्डिंग और बिजली से चलने वाली रेलगाड़ियों का प्रयोग या कम शोर करने वाले पहियों का प्रयोग बढ़ाने से रेलगाड़ियों द्वारा उत्पन्न शोर में भारी कमी आयेगी।
7. हवाई यातायात के ध्वनि प्रदूषण को रोकने के लिये वायुयानों के उड़ने और उतरने के समय उचित ध्वनि रोधक लगाने और ध्वनि नियमों को लागू करने की आवश्यकता है।
8. औद्योगिक इकाइयों में काम करने वाले कर्मचारियों को श्रवण सुरक्षा के लिए कान प्लग और इयर मफ जैसे उपकरण प्रदान करने चाहिए।
9. औद्योगिक ध्वनियों को रोकने के लिये भी ऐसे स्थानों पर जहाँ जेनरेटर हों या ऐसे क्षेत्र जहाँ पर बहुत शोर वाली मशीनें हों, ध्वनिसह उपकरण लगाने चाहिये।
10. बिजली के औजार, बहुत तेज संगीत और लैण्डमूवर्स, सार्वजनिक कार्यक्रमों में लाउडस्पीकर का प्रयोग आदि रात्रि में नहीं करना चाहिये। हॉर्न का प्रयोग, अलार्म आदि मशीनों का प्रयोग सीमित होना चाहिये। ऐसी आतिशबाजी जो शोर करती है और प्रदूषण फैलाती है उनका प्रयोग सीमित करना चाहिये जिससे शोर और वायु प्रदूषण को नियंत्रित किया जा सके।
11. ध्वनि पैदा करने वाले स्रोतों के आसपास में अधिक से अधिक झाड़ियों और पेड-पौधों को लगाना चाहिए क्योंकी घने पेड-पौधों की हरियाली (ग्रीन बैल्ट) ध्वनि प्रदूषण के साथ-साथ वायु प्रदूषण को भी कम करने का प्रभावी समाधान है।
12. भवन की दीवारों, खिड़कियों और छत आदि शोर को अवशोषित करने वाली उपयुक्त सामग्री के साथ डिजाइन किया जाना चाहिए।
13. मशीनों, वाहनों आदि को उचित स्नेहन (lubrication) और रखरखाव के द्वारा शोर के स्तर को कम किया जा सकता है।
14. महत्त्वपूर्ण बैठकों/कार्यों एवं समारोह या उत्सवों को छोड़कर निवास क्षेत्रों में

लाउडस्पीकरों के उपयोग पर प्रतिबंध लगा देना चाहिए। वर्तमान में मेट्रो शहरों में प्रशासन लाउडस्पीकर के उपयोग पर कठोर कदम उठा रहे हैं।

15. सार्वजनिक स्थानों जैसे शिक्षण संस्थानों, अस्पताल आदि पर पूर्ण रूप से होर्न बजाना प्रतिबंधित कर देना चाहिए।
16. खनन क्षेत्रों में विस्फोटकों का उपयोग नहीं किया जाना चाहिए।

अनुशंसित ध्वनि प्रबंधन उपाय (यूरोपीय पर्यावरण एजेंसी, 1995)

कानूनी उपाय	**उदाहरण**
ध्वनि उत्सर्जन पर नियंत्रण	सड़क और आर्फ-रोड वाहनों के लिए उत्सर्जन मानक, निर्माण उपकरण के लिए उत्सर्जन मानक, पौधों के लिए उत्सर्जन मानक, राष्ट्रीय विनियम, यूरोपीय संघ के निर्देश
ध्वनि संचरण का नियंत्रण	ध्वनि-अवरोधक उपायों पर विनियम
सड़कों, हवाई अड्डों, उद्योगों के आसपास शोर ध्वनि और क्षेत्रीकरण	मॉडलिंग कार्यक्रमों की शुरूआत और निगरानी
ध्वनि विसर्जन का नियंत्रण	राष्ट्रीय स्तर के उत्सर्जन मानकों जैसे जोखिम स्तरों की सीमा, शोर की निगरानी और मॉडलिंग, जटिल शोर स्थितियों के लिए नियम, मनोरंजक शोर के लिए नियम
गतिसीमा	आवासीय क्षेत्र, अस्पताल
नियमों के लिए बाध्य करना	कम शोर कार्यान्वयन योजना
इमारतों के ध्वनिक गुणों के लिए न्यूनतम आवश्यकताएँ	भवन भागों के ध्वनि इन्सुलेशन के लिए निर्माण कोड
इंजीनियरिंग के उपाय	
स्रोत संशोधन/परिवर्तन द्वारा उत्सर्जन में कमी	टायर प्रोफाइल, कम शोर सड़क सतह एवं इंजन के गुणों में परिवर्तन
नई इंजन तकनीक	सड़क पर चलने वाले वाहन, हवाई जहाज, निर्माण मशीनें
संचरण में कमी	मशीनरी के चारों ओर संलग्नक, शोर स्क्रीन
इमारतों की स्थिति	स्क्रीनिंग प्रयोजनों के लिए इमारतों का उपयोग करना
यातायात प्रबंधन	गतिसीमा, इलेक्ट्रॉनिक साधनों द्वारा यातायात प्रवाह का मार्गदर्शन
निष्क्रिय सुरक्षा	कान के प्लग
भू-उपयोग योजना का कार्यान्वयन	औद्योगिक, व्यस्त सड़कों और आवासीय क्षेत्रों के बीच न्यूनतम दूरी

शिक्षा और सूचना	
जनजागरूकता बढ़ाना	शोर के स्तर, स्वास्थ्य प्रभावों एवं शिकायतों पर जनता को सूचित करना
ध्वनियों की निगरानी और मॉडलिंग	परिणामों का प्रकाशन
शोर विशेषज्ञों की पर्याप्त संख्या	विश्वविद्यालय या हाईस्कूल पाठ्यक्रम
अनुसंधान और विकास की पहल	वैज्ञानिक अनुसंधान की जरूरतों के अनुसार सूचना उत्पादन का वित्तपोषण
व्यवहार में बदलाव की पहल	ड्राइविंग करते समय गति में कमी, होर्न का उपयोग, विज्ञापनों के लिए लाउडस्पीकर का उपयोग

अध्याय 7

तापीय प्रदूषण (Thermal Pollution)

पॉवर प्लांट्स-ऊष्मीय और नाभिकीय, रासायनिक और अन्य कई उद्योग ठंडा करने के उद्देश्य के लिये बहुत मात्रा में जल का प्रयोग करते हैं (लगभग सम्पूर्ण प्राप्त जल का 30 प्रतिशत जल) और प्रयोग किया हुआ गर्म पानी जल निकायों जैसे नदियों, जलधाराओं और समुद्र में छोड़ दिया जाता है। बॉयलर और गर्म करने की प्रक्रिया से निकली बेकार (व्यर्थ) ऊष्मा ठंडा करने वाले जल का तापमान बढ़ा देती है। गर्म पानी जिस जल में मिलता है उसका तापमान आस-पास के जल के तापमान से 10 से 15 °C तक अधिक बढ़ जाता है। पानी का तापमान बढ़ने से पानी में घुली ऑक्सीजन कम हो जाती है जिसके कारण जलीय जीवन पर प्रतिकूल (विपरीत) प्रभाव पड़ता है। स्थलीय पारितंत्र से विपरीत जलनिकायों का तापमान स्थिर और स्थायी रहता है, बहुत अधिक परिवर्तित नहीं होता। अत: जलीय जीवों को स्थिर तापमान में रहने का अभ्यास हो जाता है और जल के तापमान में थोड़ा सा उतार-चढ़ाव जलीय वनस्पतियों और जीवों पर गहरा प्रभाव डालती है। अत: पॉवर प्लांट से निष्कासित गरम जल जलीय जीवों पर विपरीत प्रभाव डालता है।

तापीय या ऊष्मीय प्रदूषण

किसी भी प्रकार का प्रदूषण जो एक अवांछनीय पैमाने पर पानी के प्राकृतिक तापमान को बदलता है उसे तापीय प्रदूषण कहा जाता है।

तापीय प्रदूषण के स्रोत: तापीय प्रदूषण के निम्नलिखित स्रोत हैं:

1. कोयला आधारित बिजली संयंत्र
2. प्राकृतिक भू-तापीय गतिविधियाँ
3. घरेलू सीवेज
4. वनों की कटाई
5. मृदा अपरदन
6. औद्योगिक बहि:स्राव

कोयला आधारित बिजली संयंत्र

प्राकृतिक भू-तापीय गतिविधियाँ

घरेलू सीवेज

वनों की कटाई

मृदा अपरदन

औद्योगिक बहि:स्राव

चित्र 7.1: तापीय प्रदूषण के स्रोत

1. **कोयला आधारित बिजली संयंत्रः** थर्मल पावर स्टेशन बिजली उत्पादन की रीढ़ हैं। कुछ थर्मल पावर संयंत्रो में ईंधन के रूप में कोयले का आज भी उपयोग हो रहा हैं। कोयले का उपयोग करने वाले बिजली संयंत्र वायु प्रदूषण के साथ-साथ थर्मल प्रदूषण का प्रमुख कारण हैं। थर्मल पावर स्टेशनों से सस्पेंशन पार्टिकुलेट मैटर, सल्फर के ऑक्साइड, सल्फर और नाइट्रोजन के कार्बन ऑक्साइड जैसे ठोस और गैसीय प्रदूषक मुक्त होते हैं।

2. **प्राकृतिक भू-तापीय गतिविधियाँ:** जियोथर्मल वेंट और गर्म बहारें (Hot springs) जल निकायों में अतिरिक्त गर्मी पैदा कर देती हैं। इसके अतिरिक्त महासागरों और समुद्रों के नीचे ज्वालामुखी और भूतापीय गतिविधियाँ जैसे प्राकृतिक कारण जल निकायों के तापमान को बढ़ाने के लिए गर्म लावा को ट्रिगर कर सकते हैं। लाइटनिंग भी महासागरों में बड़े पैमाने पर गर्मी को बढ़ाती है एवं जलीय जीवों पर नकारात्मक प्रभाव होता हैं।
3. **घरेलू सीवेज:** घरेलू सीवरेज को आमतौर पर नदियों, नहरों और झीलों में छोड़ दिया जाता है और अपशिष्ट उपचार किया जाता है। नगरपालिका के पानी के सीवरेज में आमतौर पर पानी प्राप्त करने की तुलना में अधिक तापमान होता है।
4. **वनों की कटाई:** पेड़ और पौधें सूर्य की रोशनी को सीधे जल निकायों (झीलों, तालाबों या नदियों) पर गिरने से रोकते हैं। जब वनों की कटाई होती है, तो ये जल निकाय सीधे सूर्य के प्रकाश के संपर्क में होते हैं, इस प्रकार अधिक गर्मी अवशोषित करते हैं और जल निकायों का तापमान बढ़ जाता हैं।
5. **मृदा अपरदन:** मृदा अपरदन एक अन्य प्रमुख कारक है जो थर्मल प्रदूषण का कारण बनता है। लगातार मृदा कटाव जल निकायों को उथला बना देता है, जिससे जल सूर्य के प्रकाश के अधिक संपर्क में आ जाता है। उच्च तापमान जलीय जीवों के लिए घातक साबित हो सकता है क्योंकि यह अवायुवीय स्थितियों को जन्म दे सकता है।
6. **औद्योगिक बहिःस्राव:** बिजली उत्पादन करने वाले उद्योगों के अलावा कपड़ा, लुगदी, कागज, और चीनी व्यापार जैसे वैकल्पिक उद्योग आदि को गर्मी दूर करने के लिए ठंडे पानी की बहुत आवश्यकता होती है। ये गर्म पानी को जल निकायों में छोड़ देते हैं।

तापीय प्रदूषण के हानिकारक प्रभाव

वायुमंडल में रेडियोधर्मिता का प्रभाव परमाणु ईंधन चक्र और परमाणु दुर्घटनाओं के परिणामस्वरूप होता है। परमाणु ऊर्जा संयंत्रों में शीतलक के रूप में पानी का उपयोग तापीय प्रदूषण का प्रमुख कारण है, जब शीतलक के रूप में इस्तेमाल पानी उच्च तापमान पर प्राकृतिक वातावरण में उत्सर्जित किया जाता है तो तापमान में परिवर्तन ऑक्सीजन की आपूर्ति कम कर देता है जो पारिस्थितिकी तंत्र की संरचना को प्रभावित करता है। जब कभी संयंत्रों के मरम्मत या अन्य कारणों से बिजली संयंत्र को खोला या बंद किया जाता है तो पानी के तापमान में अचानक वृद्धि से मछलियां तथा दूसरे जीव मर जाते हैं, जिसे तापीय आघात कहा जाता है। तापीय प्रदूषण के निम्नलिखित हानिकारक प्रभाव हैः

1. **विघटित ऑक्सीजन में कमी:** परमाणु, नाभिकीय, थर्मल, कोयला कारखाने, तेल क्षेत्र जेनरेटर, कारखानों और मिलों जैसे विभिन्न औद्योगिक संयंत्रों से निकले प्रदूषक, पानी के तापमान में वृद्धि के साथ ऑक्सीजन की मात्रा को कम कर देती हैं। जल में मछली को जीवित रहने के लिए 6 पीपीएम (प्रति मिलियन भाग) की आवश्यकता होती है जो उच्च पानी के तापमान को बर्दाश्त नहीं कर सकती है और विलुप्ती के कगार पर आ सकती हैं।
2. **पानी के गुणों में बदलाव:** तापीय प्रदूषण के विभिन्न स्रोतों के कारण जलीय निकायों का तापमान उच्च हो जाता है जिससे पानी के भौतिक और रासायनिक गुणों में बदलाव हो जाता है। पानी की चिपचिपाहट कम होने पर वाष्प का दबाव तेजी से बढ़ जाता है। गैसों की घनत्व, चिपचिपाहट और घुलनशीलता में कमी के कारण निलंबित कणों की गति को बढ़ाती है जो जलीय जीव की खाद्य आपूर्ति को गंभीरता से प्रभावित करती हैं।
3. **विषाक्तता में वृद्धि:** प्रदूषक की सांद्रता, पानी के तापमान में वृद्धि का कारक होता है जिसकी वजह से पानी में मौजूद जहर की विषाक्तता को बढ़ा देता है। जो जलीय जीवों की मृत्यु दर में वृद्धि कर सकती है।

4. **जैविक गतिविधियों में व्यवधानः** तापमान परिवर्तन पूरे जलीय पारिस्थितिकी तंत्र को बाधित करता है क्योंकि तापमान में परिवर्तन जैविक प्रक्रिया जैसे श्वसन दर, पाचन, विसर्जन और जलीय जीव के विकास को परिवर्तित कर सकता है। तापीय प्रदूषण के कारण जैव विविधता कम हो जाती है।
5. **जैविक जीव की क्षतिः** किशोर मछली, प्लवक, मछली, अंडे, लार्वा, शैवाल और प्रोटोजोआ जैसे जलीय जीव, बेहद संवेदनशील होते हैं जो अचानक तापमान में परिवर्तन के कारण मर जाते हैं।
6. तापीय प्रदूषण से जलीय जीवों की तैरने की क्षमता घट जाती है। जीवभक्षी पशुओं से दूर भागना और अपने शिकार का पीछा करना उनके लिये कठिन हो जाता है।
7. तापीय प्रदूषण के कारण जलीय जीवों में कई प्रकार की बीमारियाँ हो जाती है जिससे जलीय जीवों की बीमारियों से लड़ने की प्रतिरोधक क्षमता कम हो जाती है।
8. जलनिकायों में गर्म पानी का विसर्जन मछलियों के खान–पान पर असर डालता है, उनका उपापचय बढ़ जाता है जो उनके वृद्धि पर प्रभाव डालता है।

पानी की गुणवत्ता के मापदंड

कई अध्ययनों ने पुष्टि की है कि मछली समुदायों के रखरखाव के लिए 6.5 से 9 पी एच सबसे उपयुक्त है। घुलित ऑक्सीजन की कम सांद्रता, जब जहरीले पदार्थों की उपस्थिति के साथ मिलकर जलीय पारिस्थितिक तंत्र में तनाव प्रतिक्रिया कर सकती है, क्योंकि कुछ तत्वों, जैसे जस्ता, सीसा और तांबे की विषाक्तता ऑक्सीजन की कम सांद्रता से बढ़ जाती है। उच्च पानी का तापमान भंग ऑक्सीजन की कम सांद्रता से जुड़े बायोटा पर प्रतिकूल प्रभाव भी बढ़ाता है। इसलिए घुलित ऑक्सीजन के लिए पानी की गुणवत्ता की कसौटी इन कारकों को ध्यान में रखती है। विभिन्न जीवन चरणों में विशेष रूप से जलीय प्रजातियों के लिए पानी के तापमान की आवश्यकताओं के आधार पर, मान 5 से 9.5 mg/l तक है।

एहतियाती सिद्धांत के अनुसार, पानी की गुणवत्ता के मापदंड को विकसित करते समय, कई देश खतरनाक पदार्थों (आनुवंशिक रूप से संशोधित जीवों सहित) को भी ध्यान में रख रहे हैं, जिसके लिए अपर्याप्त डेटा है और जो वर्तमान में केवल खतरनाक पदार्थों की श्रेणी के संदिग्ध हैं।

तालिका 7.1: विभिन्न पानी के तापमान पर जलीय जीवन की सुरक्षा के लिए कुल अमोनिया के लिए मापदंड

पी एच	अमोनिया सांद्रता (mg l^{-1})						
	0 °C	5 °C	10 °C	15 °C	20 °C	25 °C	30 °C
6.50	2.50	2.40	2.20	2.20	1.49	1.04	0.73
6.75	2.50	2.40	2.20	2.20	1.49	1.04	0.73
7.00	2.50	2.40	2.20	2.20	1.49	1.04	0.74
7.25	2.50	2.40	2.20	2.20	1.50	1.04	0.74
7.50	2.50	2.40	2.20	2.20	1.50	1.05	0.74
7.75	2.30	2.20	2.10	2.00	1.40	0.99	0.71
8.00	1.53	1.44	1.37	1.33	0.93	0.66	0.47
8.25	0.87	0.82	0.78	0.76	0.54	0.39	0.28
8.50	0.49	0.47	0.45	0.44	0.32	0.23	0.17
8.75	0.28	0.27	0.26	0.27	0.19	0.16	0.11
9.00	0.16	0.16	0.16	0.16	0.13	0.10	0.08

स्रोत: पर्यावरण संरक्षण संस्था

तापीय प्रदूषण का नियंत्रण

1. तापीय प्रदूषण को कम करने का सबसे अच्छा तरीका है कि गर्म पानी को ठंडा करने वाले तालाब में इकट्ठा कर लिया जाए और ठंडा होने के बाद ही उसे किसी जल निकाय में विसर्जित करना चाहिए।
2. सीधे जल स्रोतों में गर्म पानी के निर्वहन पर पूर्ण प्रतिबंध होना चाहिए।
3. औद्योगिक क्षेत्र में उपयोग की जाने वाली तकनीकें ऐसी होनी चाहिए जो गर्म पानी की आर्वतन (चक्र) को कम कर दें।
4. कम बिजली का उपयोग करना चाहिए।
5. जल निकायों के किनारे अधिक से अधिक पेड़ लगाना चाहिए।
6. लोगों में जागरूकता फैलाना चाहिए।

अध्याय **8**

रेडियोधर्मी प्रदूषण (Radioactive Pollution)

रेडियोएक्टिव पदार्थों के विकिरण से उत्पन्न प्रदूषण को रेडियोधर्मी प्रदूषण या नाभिकीय प्रदूषण कहते हैं। इन पदार्थों से स्वतः रेडियोधर्मी विकिरण निकलता रहता है। जैसे-थोरियम, प्लूटोनियम, यूरेनियम आदि। रेडियोधर्मी प्रदूषण की मापन की इकाई 'रोन्टजन' है। इसे रैम भी कहा जाता है। परमाणु विकिरण उच्च ऊर्जायुक्त होते है। परमाणु विकिरणों को दो प्रकार से बाँटा जा सकता है- आयनीकरण और गैर-आयनीकरण। आयनीकरण विकिरण, अल्फा कणों, बीटा कणो, गामा किरणों के रूप में निकलते हैं जबकि गैर-आयनीकरण विकिरण रेडियो तरंगों, प्रकाश और उष्मा के रूप में होते हैं। वह समस्थानिक पदार्थ जो अपने अपघटन के समय आयनीकरण विकिरण निकालते हैं, रेडियोधर्मी कहलाते हैं। रेडियोधर्मिता के अनेक स्रोत हैं, वे प्राकृतिक भी हैं, जैसे- ब्रह्माण्ड किरणों द्वारा, पृथ्वी एवं विभिन्न पदार्थों द्वारा तथा मानवीय-जिसमें प्रमुख हैं, परमाणु शक्ति, उद्योग एवं प्रयोगशालायें, एक्स-रे तथा अन्य वस्तुएँ जो विकिरण विस्तीर्ण करती हैं।

रेडियोधर्मी प्रदूषण क्या है?

रेडियोधर्मी प्रदूषणः अनायास या अवांछनीय रूप से रेडियोधर्मी पदार्थों (ठोस, तरल या गैसीय पदार्थ) का पर्यावरण में प्रवेश एवं उनका जीव जन्तुओं और मनुष्यों पर हानिकारक प्रभाव, रेडियोधर्मी प्रदूषण कहलाता हैं।

विकिरण को दो समूहों में बांट सकते हैं। आयोनाइजिंग विकिरण (आयनों में परिवर्तित होने वाला) तथा नॉन–आयोनाइजिंग विकिरण (आयनों में परिवर्तित नहीं होने वाला विकिरण)। आयोनाइजिंग विकिरण जिस माध्यम से गुजरता है उसके परमाणु और अणुओं को आयनों में परिवर्तित कर देता है। आयोनाइजींग विकिरणः एक्स रे, गामा (γ) किरण, अल्फा (α) किरणें, बीटा (β) किरणें, उच्च ऊर्जा विद्युत चुम्बकीय विकिरण तथा उच्च आवृती वाली पराबैंगनी किरणें। इनमें से अल्फा (α), बीटा, (β) और गामा (γ) किरणों को रेडीयो सक्रिय विकिरण भी कहते है। यह सभी विकिरण दुर्लभ होते है। नॉन–आयोनाइजींग विकिरणः रेडीयो तरंग, माइक्रोवेव तरंग, अवरक्त (Infrared) किरणें, दृश्यप्रकाश, कम–ऊर्जा विद्युत चुम्बकीय विकिरण तथा कम आवृती वाली पराबैंगनी (Ultra violate) किरणें। यह सभी विकिरण हमारे रोजमर्रा के जीवन मे होते है और अधिकतर प्राकृतिक है। आयोनाइजिंग एवं नॉन–आयोनाइजिंग विकिरण के प्रभाव एवं उदाहरण तालिका 8.1 में दिया गया है।

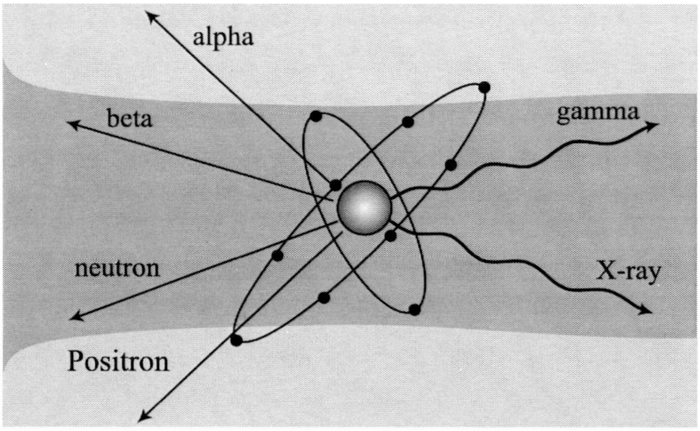

तालिका 8.1: आयोनाइजिंग एवं नॉन–आयोनाइजिंग विकिरण के प्रभाव एवं उदाहरण

आयोनाइजींग	विकिरण का प्रकार	उदाहरण	हानिकारक
आयोनाइजींग	एक्स किरण	चिकित्सा उपकरण	हां
	गामा किरण	रेडियो सक्रिय तत्व	अत्यधिक
नान–आयोनाइजींग	रेडियो	एफ एम रेडियो, टी वी	नहीं
	माइक्रोवेव	माइक्रोवेव ओवन, प्राकृतिक	नहीं
	अवरक्त उष्मा	रीमोट कंट्रोल	नहीं
	दृश्य प्रकाश	सूर्य, प्रकाश उपकरण	नहीं
	पराबैंगनी	सूर्य, आर्क वेल्डींग	हां

विकिरण पूरे शरीर (दैहिक क्षति) या अंडे और शुक्राणु (आनुवंशिक क्षति) को नुकसान पहुँचा सकता है। इसका प्रभाव उन कोशिकाओं में अधिक स्पष्ट होता है जो तेजी से प्रजनन करती हैं, जैसे कि पेट की परत, बालों के रोम, अस्थि मज्जा और भ्रूण। विभिन्न प्रकार के विकिरण में वस्तु/सामग्री के माध्यम से गुजरने की क्षमता अलग-अलग होती है (चित्र 8.1)। एक बहुत पतली बाधा, जैसे कि पेपर या त्वचा कोशिकाओं की ऊपरी परत, आमतौर पर अल्फा कणों को रोकती है। इस वजह से, अल्फा कण स्रोत आमतौर पर खतरनाक नहीं होते हैं यदि वे शरीर के बाहर है, लेकिन अंतर्ग्रहण या साँस लेने में काफी खतरनाक होते हैं। बीटा कण एक हाथ, या कागज या लकड़ी जैसी सामग्री की एक पतली परत से गुजर सकते है, लेकिन धातु की एक पतली परत द्वारा रोक दिए जाते हैं। गामा विकिरण अधिकांश सामग्रियों की मोटी परत से गुजर सकता है। कुछ उच्च-ऊर्जा गामा विकिरण कुछ फीट कंक्रीट से गुजरने में सक्षम है।

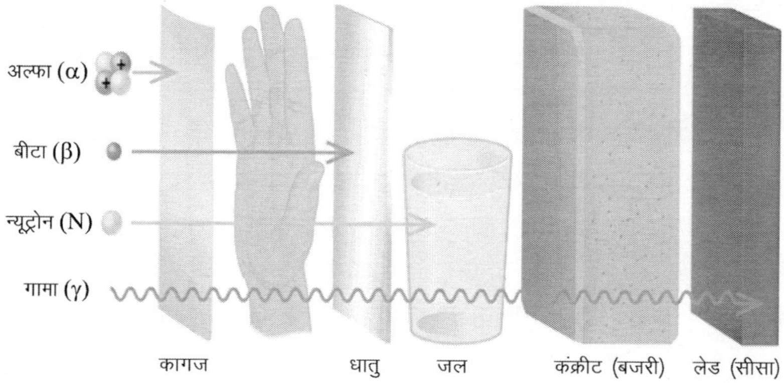

चित्र 8.1: विभिन्न प्रकार के विकिरण की वस्तु/सामग्री के माधयम से गुजरने की क्षमता

रेडियोधर्मी प्रदूषण के स्रोत

रेडियोधर्मी प्रदूषण के मुख्य स्त्रोत नाभिकीय विस्फोट, नाभिकीय रिएक्टर, नाभिकीय उर्जा यन्त्र और अन्य नाभिकीय प्रतिष्ठान, वैज्ञानिक अनुसंधान इकाइयों तथा रेडियोधर्मी पदार्थों का प्रयोग करने वाले अन्य कार्यक्रम हैं। नाभिकीय परीक्षणों में जो नाभिकीय विखण्डन और संयोजन से संबंधित होते हैं। रेडियोधर्मी यूरेनियम, प्लूटोनियम, हाइड्रोजन, लीथियम और बैरीलियम का प्रयोग होता है। विस्फोट के पश्चात् रेडियोधर्मी धूल पृथ्वी पर बिखर जाती है। इसे रेडियोधर्मी नि:क्षेप कहते हैं। रेडियोधर्मी प्रदूषकों को मुख्यत: प्राकृतिक एवं मानव निर्मित प्रदूषकों में बाटाँ गया है।

रेडियोधर्मी प्रदूषण के स्रोत

प्राकृतिक रेडियोधर्मी स्रोत	मानव निर्मित रेडियोधर्मी स्रोत
• पृथ्वी के गर्भ में दबे रेडियोधर्मी पदार्थ	• परमाणु परीक्षण / परमाणु बमों के विस्फोट
• परमाणु रेडियोधर्मी खनिज	• परमाणु रिएक्टरों से होने वाले रिसाव
• ब्रह्मांडीय किरणें	• निदानकारी चिकित्सा अनुप्रयोग
• प्राकृतिक रेडियो आइसोटोप	• रेडियोथेरेपिक उपकरण
• रेडियोधर्मी तत्व जैसे रेडियम, थोरियम, यूरेनियम	• परमाणु अपशिष्ट
• आंतरिक किरणों	• परमाणु विस्फोट
• जीव–जंतु (आंतरिक) प्राकृतिक रेडियोधर्मी प्रदूषक	• रेडियोधर्मी पदार्थों के उत्खनन
	• परमाणु धातु प्रसंस्करण
	• रेडियोधर्मी व्यर्थ पदार्थों के निस्तारण

1. **प्राकृतिक रेडियोधर्मी स्रोतः** पृथ्वी के गर्भ में दबे रेडियोधर्मी पदार्थों तथा सूर्य की किरणों के कारण प्रकृति जन्य रेडियोधर्मी प्रदूषण होता है। आंतरिक किरणें, पर्यावरण (जल, वायु एवं शैल), जीव-जंतु (आंतरिक) प्राकृतिक रेडियोधर्मी प्रदूषक के उदाहरण है। प्रकृति जनित रेडियोधर्मी प्रदूषण जीवधारियों पर कोई विशेष हानिकारक प्रभाव नहीं डालता है क्योंकि इसकी तीव्रता बहुत कम होती है।
2. **मानव निर्मित रेडियोधर्मी स्रोतः** इस प्रकार का प्रदूषण मुख्यतः परमाणु रिएक्टरों से होने वाले रिसाव, प्रयोग, औषधि विज्ञान (रेडियो डायग्नोसिस), रेडियोथेरेपिक उपकरण, नाभिकीय अपशिष्ट, रेडियोधर्मी पदार्थों के उत्खनन, रेडियोधर्मी व्यर्थ पदार्थों के निस्तारण तथा परमाणु बमों के विस्फोट द्वारा होता है। इसके अलावा मनुष्य द्वारा विविध उद्देश्यों के लिए प्रयोग में लाए जाने वाले कार्बन -14, कोबाल्ट-60, स्ट्रांशियम-90 तथा ट्राइटियम आदि है।

रेडियोधर्मी अपशिष्टः रेडियोधर्मी अपशिष्ट सामग्री में उन सभी पदार्थों को शामिल किया जाता है जो- "या तो खुद ही रेडियोधर्मी हैं या रेडियोधर्मिता द्वारा संदूषित होते हैं तथा जिनको भविष्य के लिये उपयोगी नहीं माना जाए"। रेडियोधर्मी अपशिष्ट वह कचरा होता है जिसमें रेडियोधर्मी पदार्थ मौजूद होते हैं। नाभिकीय ऊर्जा उत्पादन के विभिन्न चरणों के दौरान उत्पादित अपशिष्ट पदार्थ को सामूहिक रूप से परमाणु कचरे/अवशिष्ट के रूप में जाना जाता है। रेडियोधर्मी कचरे, परमाणु बिजली उत्पादन और परमाणु विखंडन या परमाणु प्रौद्योगिकी के अन्य अनुप्रयोगों जैसे अनुसंधान और दवा के उत्पाद होते हैं।

रेडियोधर्मी अपशिष्ट का वर्गीकरण: रेडियोधर्मी अपशिष्ट को रेडियोधर्मिता स्तर के आधार पर निम्न स्तर अपशिष्ट, मध्यवर्ती स्तर अपशिष्ट एवं उच्च-स्तर अपशिष्ट में वर्गीकृत किया जाता है।

1. **निम्न स्तर अपशिष्ट:** निम्न स्तर अपशिष्ट में ऐसी रेडियोधर्मी सामग्री को रखा जाता है जिसमें अल्फा क्रियाविधि का स्तर 4 गीगा-बैकरल/टन तथा बीटा-गामा क्रिया विधि का स्तर 12 गीगा-बेकरल/टन से कम हो। निम्न स्तर अपशिष्ट की हैंडलिंग एवं परिवहन के दौरान विशिष्ट परिरक्षण की आवश्यकता नहीं होती है तथा इनका निपटान ऊपरी सतह के निकट ही किया जा सकता है।
2. **मध्यवर्ती स्तर अपशिष्ट:** मध्यवर्ती स्तर अपशिष्ट, निम्न स्तर अपशिष्ट की तुलना में अधिक रेडियोधर्मी होते हैं। रेडियोधर्मिता के उच्च स्तर के कारण मध्यवर्ती स्तर अपशिष्ट को कुछ परिरक्षण उपायों की आवश्यकता होती है, लेकिन इनके द्वारा उत्पन्न ऊष्मा इतनी अधिक नहीं होती है कि इनके भंडारण तथा निपटान में विशेष प्रकार के डिजाइन के चयन की आवश्यकता हो। इसका रेडियोधर्मी अपशिष्ट के आयतन में 7 प्रतिशत तथा रेडियोधर्मिता में 4 प्रतिशत योगदान है।
3. **उच्च स्तर अपशिष्ट:** उच्च स्तर अपशिष्ट इतने अधिक रेडियोधर्मी होते हैं कि वे रेडियोधर्मी क्षय ऊष्मा से आसपास के वातावरण का तापमान उल्लेखनीय रूप से बढ़ा सकते हैं। अत: उच्च स्तर अपशिष्ट के निपटान में शीतलन और परिरक्षण उपायों की आवश्यकता होती है। परमाणु रिएक्टर में यूरेनियम ईंधन के दहन से उच्च स्तर अपशिष्ट उत्पन्न होता है। उच्च स्तर अपशिष्ट का उत्पादित कचरे के आयतन में केवल 3 प्रतिशत परंतु रेडियोधर्मिता में 95 प्रतिशत योगदान होता है।

रेडियोधर्मी प्रदूषण या विकीरण के प्रभाव

रेडियोधर्मी विकिरण के सटीक प्रभाव का मापन बेहद मुश्किल है। हम इससे उत्पन्न होने वाले अप्रत्यक्ष प्रभावों को ही जान सकते हैं। विकिरण प्रदूषण की प्रभावशीलता, विकिरण के स्रोत तथा व्यक्तिगत संवेदनशीलता द्वारा निर्धारित की जाती है। प्रत्येक व्यक्ति की संवेदनशीलता के अनुसार रेडियोधर्मी प्रदूषण के प्रभाव भिन्न-भिन्न हो सकते हैं। एक निश्चित सीमा के बाद रेडियोधर्मिता के उत्सर्जन से जीवों पर कुप्रभाव पड़ने लगता है। यह प्रभाव विकिरण की भेदन क्षमता तथा परमाणु स्त्रोत की स्थिति पर निर्भर करता है। गामा विकिरण अधिक भेदन क्षमता वाली होती है। बीटा विकिरण शरीर के अंदरूनी अंगों पर प्रभाव डालते हैं जबकि अल्फा विकिरण त्वचा द्वारा रोक लिये जाते हैं। यह रेडियोधर्मी प्रदूषण पृथ्वी की सतह तथा उसके समस्त परिवेश को प्रभावित करने के साथ प्रतिकूल

प्रभाव डालता है। विकिरण डीएनए कोशिकाओं को नुकसान पहुंचाकर जैविक प्रणालियों को नुकसान पहुंचा सकता है।

यदि इस क्षति की ठीक से मरम्मत नहीं की जाती है, तो कोशिकाएं अनियंत्रित तरीके से विभाजित हो सकती हैं। आयनीकरण द्वारा नाभिकीय विकिरण जीवित ऊतकों के जरिए अणुओं को विघटित कर कैंसर जैसी समस्याएं हो सकती है। उदाहरण के लिए, परमाणु क्षय प्रतिक्रियाओं से निकलने वाले अल्फा और बीटा कणों में साधारण रासायनिक बंधन ऊर्जा की तुलना में बहुत अधिक ऊर्जा होती है। जब ये कण टकराते हैं और द्रव्य में प्रवेश करते हैं, तो वे आयन और आणविक अंश उत्पन्न करते हैं जो अत्यंत प्रतिक्रियाशील होते हैं। (चित्र 8.2)।

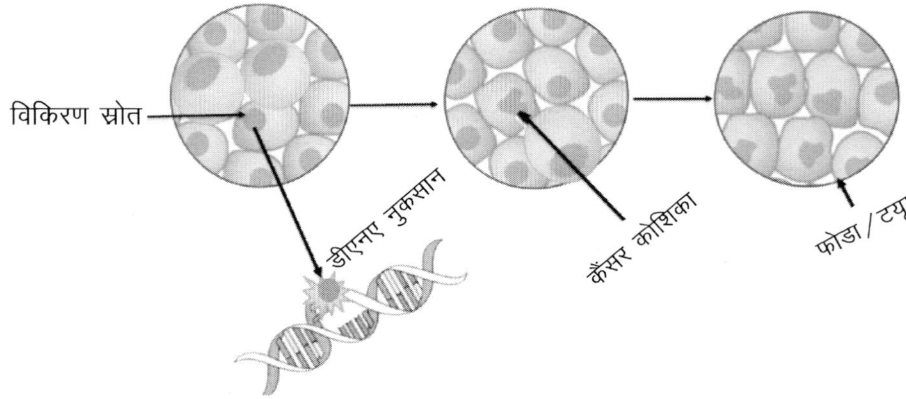

चित्र 8.2: नाभिकीय विकिरण से कैंसर

रेडियोएक्टिव पदार्थों का जीवों पर प्रभाव

रेडियोधर्मी प्रदूषण का प्रभाव कई वर्षों तक रहता है। रेडियोधर्मी प्रदूषण सबसे अधिक घातक होता है क्योंकि इसके प्रभाव से जल, वायु एवं मृदा तीनों प्रदूषित होते हैं। रेडियोधर्मी पदार्थों के परमाणु केन्द्रकों से अल्फा, बीटा और गामा कण किरणों के रूप में निकलते हैं।

1. रेडियोधर्मी प्रदूषण से निकलने वाली किरणें जीवित ऊतकों के जटिल अणुओं को विघटित कर कोशिकाओं को नष्ट कर देती हैं। इन मृत कोशिकाओं के कारण चर्म रोग एवं कैन्सर जैसी समस्याएं उत्पन्न हो जाती हैं।
2. रेडियोधर्मी प्रदूषण के कारण जीन्स और गुणसूत्रों में हानिकारक उत्परिवर्तन हो जाता है। जिससे बच्चों की गर्भाशय में ही मृत्यु हो जाती है। कभी-कभी बच्चों के अंग असाधारण प्रकार के हो जाते हैं।

3. रेडियोधर्मी प्रदूषण के कारण मनुष्यों में असाध्य रोग हो जाते हैं। जैसे–रक्त कैंसर, अस्थि कैंसर और अस्थि टी.बी.।
4. उच्च मात्रा में विकिरण के संपर्क से 'क्रॉनिक रोग', जबकि अत्यधिक प्रदूषण से कैंसर या यहाँ तक कि अचानक मृत्यु भी हो सकती है।
5. रेडियोधर्मी प्रदूषण पेड़ पौधों, जीव जन्तुओं, खाद्‌य सामग्री आदि को प्रभावित करते हैं।
6. विकिरण की कम मात्रा उन बीमारियों का कारण बन सकती है जो विकिरण संपर्क के समय इतनी गंभीर नहीं होती हैं परंतु समय के साथ विकसित होती है। विकिरण की कम मात्रा भी लंबे समय तक संपर्क में रहने पर कैंसर का कारण बन सकती है।

विकिरण के स्वास्थ्य पर प्रभाव (स्रोतः अमेरिकी पर्यावरण संरक्षण एजेंसी)

क्र.स.	एक्सपोजर (रेम)	स्वास्थ्य प्रभाव	शुरुआत करने का समय (उपचार के बिना)
1.	5–10	रक्त रसायन में परिवर्तन	–
2.	50	मतली	घंटे
3.	55	थकान	–
4.	70	उल्टी	–
5.	75	बालों का झड़ना	2 – 3 सप्ताह
6.	90	दस्त	–
7.	100	नकसीर	–
8.	400	संभावित मौत	2 महीने के भीतर
9.	1000	आंतों के अस्तर का विनाश	–
		आंतरिक रक्तस्राव	–
		मृत्यु	1–2 सप्ताह
10.	2000	केंद्रीय तंत्रिका तंत्र को नुकसान	–
		बेहोशी	मिनट
		मृत्यु	घंटे से दिन

रेडियोएक्टिव पदार्थों का खाद्य श्रृंखला में प्रवेश

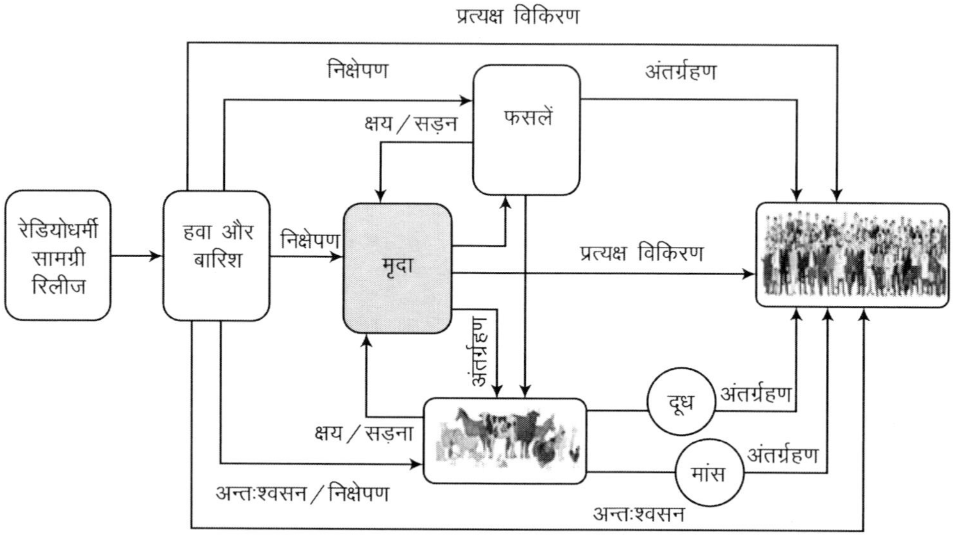

चित्र 8.3: रेडियोधर्मी सामग्री का विसरण एवं कई मार्गों से गुजरते हुए मनुष्यों पर प्रभाव

परमाणु बम विस्फोट अथवा परमाणु रिएक्टरों द्वारा रिसाव आदि के फलस्वरूप उत्पन्न रेडियोएक्टिव पदार्थों वायुमंडल की बाह्य परतों में प्रवेश कर जाते हैं। वहाँ पर ठण्डे संघनन द्वारा बूंद के रूप में तथा बाद में ठोस के रूप में परिवर्तित होकर धूल के कणों के साथ मिल जाते हैं। अंत में एक बडे क्षेत्र में इनका विसरण वायु के झोंकों के द्वारा होता है। वर्षा के द्वारा ये जल एवं मृदा में मिल जाते हैं। मृदा से स्थलीय पौधें इन्हें जल के द्वारा प्राप्त करते हैं। जबकि जलीय पौधे इन्हें अपनी सतह की कोशिकाओं द्वारा अवशोषित करते हैं। पौधों से खाद्य श्रृंखला के रूप में ये शाकाहारी जन्तुओं में एवं अन्त में मनुष्यों में पहुंच जाते हैं। रेडियोएक्टिव पदार्थों के विसरण एवं कई मार्गें से मनुष्यों पर प्रभाव को चित्र 8.3 में दिया गया है।

रेडियोधर्मी प्रदूषण/परमाणु प्रकरण

नाभिकीय/परमाणु संयंत्रों से दुर्घटनाओं का संभावित खतरा होता है जो पर्यावरण में खतरनाक रेडियोधर्मी सामग्री को उत्सर्जित कर सकते हैं। समस्याएँ दोनों ओर की हैं: (1) परमाणु आपदाएं और उनका घटित होना (2) परमाणु नाभिकीय संयंत्रों द्वारा उत्पन्न

अपशिष्ट का सुरक्षित निपटान। कुछ प्रमुख परमाणु आपदाओं/प्रकरणों के बारे में संक्षिप्त में वर्णन नीचे दिया गया है।

थ्री माइल आइलैण्ड एवं चेर्नोबिल परमाणु प्रकरण

''थ्री माइल आइलैण्ड'' मिडलटाउन यू.एस.ए. में सन 1979 में और 1986 में यूक्रेन चेर्नोबिल (Chernobyl) परमाणु बिजली संयंत्र में रिसाव हो जाने से काफी लोग रेडियोधर्मी प्रदूषण से प्रभावित हुए थे। इन दोनों मामलों में अनेक दुर्घटनाओं और गलतियों के परिणामस्वरूप रिएक्टर अधिक गर्म हो गया और बहुत सी रेडिएशन बाहर निकल कर वातावरण में फैल गई। थ्री माइल आइलैण्ड के रिएक्टर का रिसाव अपेक्षाकृत कम था अतः तुरन्त ही कोई हताहत नहीं हुआ। जबकि चेर्नोबिल के रिएक्टर का रिसाव बहुत भारी मात्रा में था जिससे अनेक कार्यकर्ता मारे गये और रेडिएशन पूरे यूरोप में जगह-जगह बड़े क्षेत्र में फैल गया था। शहर को खाली करके लोगों को सुरक्षित स्थानों पर भेजा गया था और प्लांट को बंद कर दिया गया था। ये दो महाविनाश सदा याद दिलाते रहते हैं कि नाभिकीय पॉवर रिएक्टर को निरन्तर सुरक्षा साधनों से सम्पन्न रखना चाहिये। नये नवीन साधन लगाते रहना आवश्यक है। नाभिकीय पनडुब्बी में होने वाली दुर्घटनाएँ भी इसी ओर संकेत करती हैं।

हिरोशिमा तथा नागासाकी परमाणु बम विस्फोट प्रकरण

6 अगस्त तथा 9 अगस्त, 1945 को हिरोशिमा तथा नागासाकी पर अमेरिका ने परमाणु बम का विस्फोट कर इन दोनों जाापानी शहरों को नष्ट कर दिया। रेडियो विकिरण के प्रभाव से लोग झुलस कर मर गये जो जीवित बचे अपाहिज हो गये। आज भी हिरोशिमा और नागासाकी में विकिरण के प्रभाव से अपंग पैदा हुए लोग देखे जा सकते हैं। ज्ञातव्य है कि रेडियोधर्मी विकिरण का प्रभाव कई हजाार वर्ष तक रहता है। सभी प्रदूषकों में रेडियोधर्मी प्रदूषण सबसे अधिक घातक होता है क्योंकि इसके प्रभाव से जल, वायु एवं मृदा तीनों

प्रदूषित होते हैं। यदि नाभिकीय युद्ध हुआ तो लगभग एक अरब लोगों की मृत्यु होगी और इतने ही गंभीर रूप से घायल होंगे। लगभग 30–70 प्रतिशत सुरक्षात्मक ओजोन परत नष्ट हो जाएगी। पृथ्वी को धूल का घना बादल घेर लेगा और दोपहर तक अँधेरा छाया रहेगा। भूमण्डलीय तापक्रम 30 °C तक गिर जाएगा यह क्रिया 'नाभिकीयशीत' कहलाती है।

फुकुशिमा दाइची परमाणु आपदा प्रकरण

मार्च 2011 की फुकुशिमा दुर्घटना के बाद परमाणु रिएक्टर के 30 किलोमीटर दायरे में से लगभग 154000 लोगों को निकालना पड़ा था। नवम्बर 2011 में जापानी विज्ञान मंत्रालय ने रिपोर्ट दी थी कि इस दुर्घटना के कारण लगभग 30,000 वर्ग किलोमीटर क्षेत्र में सीजियम-137 के रेडिएशन से प्रदूषण फैला है। फरवरी 2010 में जारी हुई रिपोर्टों के अनुसार बच्चों में थाइराइड कैंसर में 10 गुणा वृद्धि हुई थी तथा पूरे जापान के सम्पूर्ण कैंसर के मरीज 9600 से बढकर 66000 हो गए थे।

रेडियोधर्मी प्रदूषण नियन्त्रण के उपायः इस प्रदूषण को रोकने के लिए निम्नलिखित उपाय किये जाने चाहिए:-

1. सभी नाभिकीय परीक्षणों को अन्तर्राष्ट्रीय सहमति द्वारा तुरन्त प्रतिबन्धित किया जााना चाहिए।
2. सभी नाभिकीय प्रक्षेपात्रों को समयबद्ध कार्यक्रम द्वारा तुरंत नष्ट कर देना चाहिए।
3. रडियोधर्मी समस्थानिकों का उत्पादन और औषधीय खानों तथा वैज्ञानिक अनुसंधानों में अनेक प्रयोग को न्यूनतम किया जाना चाहिए।
4. विखंडन कार्यक्रम और किरणों का रोगियों पर उपयोग न्यूनतम होना चाहिए।
5. मानव जाति के लाभ के लिए आवश्यक रिएक्टर और अन्य नाभिकीय संयंत्र आवासीय क्षेत्रों से दूर एकांत स्थानों पर होने चाहिए।
6. रडियोधर्मी बहिस्त्राव (अवशिष्ट) को बहुत सावधानी के साथ तर्कसंगत एवं सही ढंग से नष्ट करना चाहिए।
7. रडियोधर्मी बहिस्त्राव को स्टेनलेस स्टील के पात्रों में सीलबद्ध कर जमीन में गहराई तक दबा देना चाहिए।
8. मानव प्रयोग के उपकरणों को रेडियोधर्मिता से मुक्त किया जाना चाहिए।
9. परमाणु अस्त्रों का उत्पादन एवं प्रयोग प्रतिबन्धित होना चाहिए।
10. सरकारी संगठनों एवं गैर-सरकारी संगठनों के माध्यम से जनजागरण करना चाहिए।

11. वृक्षारोपण करके रेडियोधर्मिता के प्रभाव से बचा जा सकता है।
12. रडियोधर्मी अवशिष्टों को स्टोर करना या निपटाना आसान नहीं है, इसलिए इन्हे पुनः उपयोग में लाया जाना चाहिए और इसका इस्तेमाल दूसरे रिएक्टर जैसे ईंधन के रूप में किया जा सकता है, जिससे पर्यावरण की रक्षा होती है।

अध्याय 9

स्टार्टअप-पर्यावरण प्रदूषण नियंत्रण
(Startup-Environmental Pollution Control)

आज पूरे विश्व में पर्यावरण को लेकर गंभीर चिंता है। विश्व के छोटे-बड़े विकसित एवं विकासशील सभी देशों में पर्यावरण के प्रति सचेत होने के संदेश दिए जा रहे हैं। पर्यावरण-संरक्षण और संवर्धन तक प्राकृतिक साधनों का समुचित दोहन ही एकमात्र उपाय है। तभी हम आनेवाली पीढ़ी को स्वच्छ पर्यावरण और खुशहाल जीवन दे पाएँगे। स्टार्ट अप इंडिया देश में नवप्रयोग तथा स्टार्ट-अप को विकसित करने के लिए एक मजबूत पारिस्थितिकीय व्यवस्था निर्मित करने के उद्देश्य से दिनांक 16 जनवरी, 2016 को भारत सरकार द्वारा शुरू की गई एक प्रमुख पहल है।

https://www.lawtendo.com/blogs/what-is-importance-of-environmental-laws-in-startup

प्रत्येक वर्ष विश्व पर्यावरण दिवस पर ज्यादातर लोग पर्यावरण संरक्षण जैसे मुद्दे पर गंभीर बातें करते हुए कुछ किए जाने को लेकर बडी-बडी बातें कहते हैं, लेकिन हकीकत में कुछ नहीं कर पातें, वहीं कुछ लोग ऐसे होते है जो बिना किसी शोर शराबे के शांतिपूर्वक इस काम में लगे रहते हैं और दूसरों को भी प्रेरित करते हैं। प्रकृति को सहेजने एवं पर्यावरण संरक्षण के लिए महंगे संसाधनों एवं अधिक पूंजी की जरूरत नही है। अगर सभी लोग केवल अपने-अपने घर के पर्यावरण को संभालने का काम करें तो इस छोटे छोटे सहयोग से पूरी धरती के पर्यावरण में बेहद सकारात्मक परिवर्तन लाये जा सकते हैं। अगर सभी प्रण ले तो बेकार सामान से भी इस काम को बखूबी अंजाम दे सकते हैं। घरों के इस्तेमाल की हुई खाली बेकार बोतले, टब, गिलासों, पुराने जूते, केतली, टायरों, लकडी के सामान आदि का इस्तेमाल करके फूल, औषधीय पौधों, सब्जी, सुगंधित और सजावटी पौधें लगाकर अपने घरों के पर्यावरण बना सकते है। आमतौर पर पर्यावरण संरक्षण तथा प्रदूषण पर अंकुश लगाने की तकनीक काफी महंगी होती है। जलवायु परिवर्तन और गैर-संसाधनों की हाल में कमी पर्यावरण स्टार्टअप को अधिक लोकप्रिय करने का मुख्य कारण है। अधिक से अधिक लोग यह समझने लगे हैं कि यदि हम अपने वर्तमान प्रक्षेपवक्र पर टिके रहेंगे, तो आने वाली पीढ़ियों में दुनिया का अस्तित्व खत्म होने वाला है। सरकार की स्टार्टअप जैसी योजनाओं एवं प्रोत्साहन के परिणामस्वरूप कुछ ऐसे गैर सरकारी संगठन, समाजसेवी एवं शिक्षण संस्थाएं हैं, जिन्होंने पर्यावरण अनुसंधान में सराहनीय कार्य किए हैं। विश्व के कई हिस्सों में पर्यावरण प्रदूषण नियंत्रण करने के लिए कई स्टार्टअप शुरू हो चुके है।

स्टार्टअप भारत का भविष्य हैं। कई क्षेत्रों की विकास दर में तेजी से वृद्धि के कारण भारत में स्टार्टअप्स की संख्या और गुणवत्ता में तेजी आई है। इसे विभिन्न रूपों में वर्गीकृत किया जा सकता है जैसे कि एक कंपनी जिसमें एक सिंगल-व्यक्ति कंपनी, सीमित देयता भागीदारी या एक साझेदारी फर्म शामिल है। प्रत्येक प्रकार की इकाई अलग-अलग कानूनों द्वारा शासित होती है, हालांकि कुछ सामान्य कानून हैं जिनका अनुपालन किया जाना है।

भारत में स्टार्टअप्स को प्रोत्साहित करने के लिए भारत सरकार कई व्यापक नीतियां लेकर आई है। भारत में सीमित देयता भागीदारी अधिनियम, 2008 के तहत एक निजी लिमिटेड कंपनी या एक भागीदारी फर्म, भागीदारी अधिनियम, 1932 या एक सीमित देयता भागीदारी के तहत पंजीकृत है, इसके समावेश या पंजीकरण की तारीख से सात साल तक 'स्टार्टअप' के रूप में भारत सरकार की योजनाओं के तहत लाभ प्राप्त कर सकता है। यहां पर्यावरण कानूनों के कुछ पहलुओं का अवलोकन है जो एक स्टार्टअप के लिए महत्वपूर्ण हैं।

विनियम और विधान

कानून की एक लंबी सूची है जिसे ध्यान में रखा जाना चाहिए और उन अनुपालनों को लागू करने की आवश्यकता होती है:

1. जल (प्रदूषण निवारण एवं नियन्त्रण) अधिनियम, 1974 (जल अधिनियम)
2. वायु (प्रदूषण निवारण एवं नियन्त्रण) अधिनियम, 1981 (वायु अधिनियम)।
3. पर्यावरण (संरक्षण) अधिनियम, 1986 (ईपी अधिनियम)- यह निम्नलिखित नियमों को पूरा करता है:
    - ई-वेस्ट (प्रबंधन) नियम, 2016
    - जैव-चिकित्सा अपशिष्ट प्रबंधन नियम, 2016
    - निर्माण और विध्वंस अपशिष्ट प्रबंधन नियम, 2016
    - खतरनाक और अन्य अपशिष्ट (प्रबंधन और ट्रांसबाउंड्री आंदोलन) नियम, 2016
    - खतरनाक रसायन नियम, 1989
    - तटीय विनियमन क्षेत्र अधिसूचना, 2011
    - पर्यावरण प्रभाव आंकलन अधिसूचना, 2016
    - प्लास्टिक अपशिष्ट प्रबंधन नियम, 2016
4. वन्यजीव (संरक्षण) अधिनियम, 1972
5. वन (संरक्षण) अधिनियम, 1980
6. सार्वजनिक देयता बीमा अधिनियम, 1991
7. जैविक विविधता अधिनियम, 2002
8. राष्ट्रीय हरित न्यायाधिकरण अधिनियम, 2010

स्वच्छ वायु-भारत पहल (Clean Air a- India Initiative)

भारतीय स्टार्ट-अप और डच कंपनियों के बीच साझेदारी को बढ़ावा और स्वच्छ वायु के लिए व्यावसायिक समाधानों पर कार्य कर रहे उद्यमियों के नेटवर्क का निर्माण करके भारतीय शहरों में वायु प्रदूषण को रोकने के लिए इस पहल को प्रारम्भ किया गया है। इसके अंतर्गत, इंडस इम्पैक्ट प्रोजेक्ट का लक्ष्य ऐसी व्यापार साझेदारियों को बढ़ावा देकर धान की पराली के हानिकारक दोहन को रोकना है जिससे पराली को "अप-साइकिल" (अर्थात् पुन:प्रयोग करके उन्नत उत्पादों का निर्माण) किया जा सके। इसमें फीडस्टॉक

के रूप में धान की पुआल का उपयोग करना शामिल है जिसका प्रयोग निर्माण और पैकेजिंग में किया जाएगा।

स्टार्टअप में लोगों की सक्रिय भागीदारी से कृषि संकट, बढ़ते प्रदूषण को रोकने के साथ-साथ पर्यावरण संरक्षण में भी मदद मिल रही है, ऐसे में कुछ ऐसे स्टार्टअप्स की लिस्ट बनाई है जो समाज को बदलने में बड़ी भूमिका निभा रहे हैं।

क्र. सं.	स्टार्ट अप का नाम	प्रारंभ करने वाला	प्रौद्योगिकी/कार्यशीलता	स्त्रोत
1.	लिविंग लीफ	अभिनव, परेश और भावांशु	लिविंग लीफ नाम के अपने स्टार्टअप के जरिए शहर के अभिनव, परेश और भावांशु पर्यावरण को नुकसान पहुंचाने वाले प्लास्टिक के पत्तल, दोने और चम्मच को रिप्लेस कर रहे हैं। इसकी जगह वे सुपारी के पत्तों से प्रोडक्ट्स बना रहे हैं। पारंपरिक रूप से बनने वाले पत्तल दोनों की शेल्फ लाइफ कम होती थी और उनमें ग्रेवी या सेमी ग्रेवी प्रोडक्ट्स को कंटेन नहीं किया जा सकता था। सुपारी के पत्तों से प्लेट, कटोरी, चम्मच, फूड कंटेनर, ग्लास, फोर्क और सेक्शन प्लेट्स बनाई हैं। इन प्रोडक्ट्स की शेल्फ लाइफ बेहतर होने के कारण लंबे समय तक उपयोग किया जा सकता है। चूंकि इन्हें माइक्रोवेव और फ्रिज में भी उपयोग किया जा सकता है इसलिए ये घर में भी काम में लिए जा सकते हैं।	https://www.bhaskar.com/mp/indore/news/mp-news-the-millions-of-packages-leaving-the-green-warriors-of-the-city-working-for-environmental-protection-075504-4703039.html

2.	ग्रीन भारत	–	ग्रीन भारत एक सामाजिक स्टार्टअप है जो पर्यावरण संरक्षण एवं रोजगार पर केन्द्रित है इस प्रोजेक्ट का मुख्य उद्देश्य जिन लोगो के पास पेड़ लगाने के लिए जमीन अथवा देखभाल के लिए समय नहीं है, वे लोग ग्रीन भारत मोबाइल एप्प से घर बैठे ऑनलाइन प्लांट आर्डर कर, चाहे जितने पेड़ लगा सकते है और जब चाहे तब पेड़ का विकास (ग्रोथ) एवं उसकी लोकेशन देख सकते है। साथ ही वे किसान जिनके पास जमीन है एवं पेड़ लगाने के इच्छुक है, उनको निशुल्क पेड़ एवं पेड़ लगाने से लेकर सक्षम होने तक कुछ आर्थिक सहयोग मिलता रहेगा। पेड़ एवं उसके उत्पाद पर किसान का अधिकार रहेगा। इससे किसानो को आर्थिक सहयोग के साथ रोजगार भी मिल सकेगा एवं साथ ही आने वाली पीढ़ियों के लिए स्वच्छ वातावरण तैयार हो सकेगा।	http:// greenbharat. co.in/user/our-work
3..	रिकार्ट स्टार्टअप	अनुराग, ऋषभ एवं वेंकटेश	गुरुग्राम में 'रिकार्ट' घरों में बेकार पड़ी चीजों को खरीदता है, इसमें से प्लास्टिक, गत्ता, धातु बायोमीट्रिक कचरे को अलग-अलग करके रिसाइकिल प्लांट को बेच देता है, ताकि यह फिर से इस्तेमाल किया जा सके। 'रिकार्ट' गुरुग्राम के 12 हजार घरों से कचरा उठाता है। इस तरह से 'रिकार्ट' न केवल कचरा प्रबंधन के क्षेत्र में एक मिसाल कायम कर रहा है, अपितु अनेक बेरोजगार लोगों को रोजगार भी दे रहा है।	https://www. patrika.com/ special-news/ bright-future-in-waste-manage-ment-1395420/
4.	इकोराइट स्टार्टअप	उदित सूद	इकोराइट स्टार्टअप ग्राहकों के लिए पर्यावरण के अनुकूल बैग तैयार करता है।	https://www. ecorightbags. com/about-ecoright/

5.	फार्मिजेन	–	बेंगलुरु आधारित फार्मिजेन लोगों को एक मिनी फार्म में केमिकल फ्री ऑर्गैनिक सब्जियां उगाने की सुविधा देता है। इसके लिए लोगों को प्रतिमाह 2500 रुपये का शुल्क देना होता है। इसमें किसानों को दिया जाने वाला मेहनताना भी शामिल है। शुल्क लेकर व्यक्ति को मिनी फार्म में सब्जियां उगाने के लिए 12 बेड दे दिए जाते हैं। इनमें व्यक्ति अपनी इच्छानुसार सब्जियां उगा सकता है। वे फार्मविले जैसे एक ऐप के जरिए उस मिनी फार्म को कंट्रोल कर सकते हैं। वे फार्म को कभी भी विजिट करके अपनी सब्जियों का उपयोग कर सकते हैं।	https://yourstory.com/hindi/plastic-pollution-and-public-partici-pation-these-a-mjyre4gjlh
6.	नमो ई-वेस्ट स्टार्टअप	अक्षय जैन	अक्षय जैन ने नमो ई-वेस्ट नाम से 2016 में स्टार्टअप स्थापित किया। फरीदाबाद स्थित प्लांट में 71 तरह के आइटम रीसाइकल किए जाते हैं। इसमें या तो ई-कचरा को उपयोगी बना लिया जाता है या उसमें से कॉपर, स्टील, ब्रास, एल्यूमीनियम, लोहा, जिंक और प्लास्टिक को निकाल लेते हैं। लैड, मर्करी, फॉस्फोरस, सल्फर, आर्सेनिक, कैडमियम जैसी खतरनाक चीजों को अलग कर सरकार द्वारा तय साइट पर नष्ट कर दिया जाता है।	https://www.naidunia.com/delhi-ncr-startup-namo-ewaste-man-agement-is-minting-money-from-your-scrap-1755673

7.	आईओटी स्टार्टअप	–	ओडिशा के एक आईओटी स्टार्टअप ने, एक पर्यावरण निगरानी उपकरण ऑरसेट को डिजाइन किया है। यह स्मार्ट शहरों के लिए ऑनलाइन वायु प्रदूषण निगरानी प्रणाली का क्लाउड – कनेक्टेड नेटवर्क है। नेटवर्क के माध्यम से, उद्योग उच्च-रिजॉल्यूशन वाले प्रदूषण डेटा को एक हार्डवेयर एकीकृत सॉफ्टवेयर प्लेटफॉर्म के माध्यम से एक्सेस कर सकते हैं। ये डिवाइस विभिन्न स्थानों से विभिन्न वायु गुणवत्ता मापदंडों को कैप्चर कर सकता है और इसे एक वेब प्लेटफॉर्म पर संग्रहीत करता है। डेटा को मोबाइल ऐप पर एक्सेस किया जा सकता है। दर्ज किए गए मापदंडों में से कुछ नाइट्रोजन डाइऑक्साइड(NO_2), नाइट्रोजन मोनोऑक्साइड (NO), ओजोन (O_3), मीथेन (CH_4), अमोनिया (NH_3), पीएम 2.5, पीएम 10, यूवी, मौसम के तापमान, आर्द्रता, वर्षा के पैरामीटर हैं। दबाव, हवा की गति और हवा की दिशा।	-
8.	ईको फ्रेंडली स्टार्टअप	कपल राहुल पगड़ और अक्षता भद्रन्ना	यह स्टार्टअप रद्दी अखबारों से 20 हजार इको फ्रेंडली पेंसील बना कर सेल कर चुके हैं। यह स्टार्टअप लोगों को एक नए तरह का रोजगार देने के साथ ही पर्यावरण संरक्षण में भी मददगार बन रहा है। इसके अतिरिक्त इस स्टार्टअप का ग्रीटिंग-वेडिंग कार्ड, शादी-ब्याह वाले लिफाफे, थैले, बांस से बने टूथब्रश आदि बनाने में उल्लेखनीय योगदान हैं।	https:// m.dailyhunt. in/ news/ nepal/ hindi/yourstory + hindi-epa- per- yourhin/ bengaluru+ me+ jagaruk +kapal +ka + iko + phrendali+ grin+ startaap + dopolgy -newsid - 141001428

9.	फाइटिंग वॉटर वेस्ट	–	स्टॉकहोम स्थित स्टार्टअप द एलेज्ड कंपनी नोजल के साथ पानी की बर्बादी से लड़ रही है जिसे आप 60 सेकंड में स्थापित कर सकते हैं। यह आपके नल से आने वाले पानी को बारीक धुंध में बदलकर आपके उपयोग को 98 प्रतिशत तक कम कर देता है। यह बहुत ही प्रभावी है।	https://www. greenjournal. co.uk/ 2020/01/ top-startups-fighting-pollu-tion/# :~:text = kFighting% 20 Water %20 Waste %3A%20 Altered%20 Company & text= k Stock-holm % 2 Dbased%20 startup%20 The%20 Altered, but% 20it's%20 just% 20as% 20 effec-tive.
10.	ओइजोम (Oi-zom)	अंकित व्यास	Oizom बैनर के साथ इस तिकड़ी ने पर्यावरण निगरानी के लिए एक पारिस्थितिकी तंत्र, अपना पहला उत्पाद पोलड्रोन तैयार किया। पोलड्रोन नाम का ये एप्लीकेशन बिना ऊर्जा खर्च किये किसी भी बुनियादी ढांचे के परिवर्तनों के बगैर कम लागत पर पीएम 2.5, पीएम 10, एसओ 2, एनओ 2, सीओ, ओ3, वीओसी, हाइड्रोकार्बन और शोर जैसे प्रदूषण के विभिन्न मापदंडों को मापता है। ये पूरी तरह से सौर शक्ति से चलने वाला और कम लागत वाला वायु गुणवत्ता मॉनिटर है।	https:// yourstory. com/hindi/690 dd18e16-oizom-a- startup-which-will-reveal- many-of-the-air-breathed- by-the-lungs-to
11.	द ओशन क्लीनअप	बॉयन स्लैट	द ओशन क्लीनअप एक निष्क्रिय संग्रह प्रणाली का उपयोग करके 2040 तक समुद्र के 90 प्रतिशत प्लास्टिक को हटाने की योजना बना रही है। यह समुद्र से प्लास्टिक निकालने, इसे रीसायकल करने और टिकाऊ उत्पादों में बदलने की योजना बनाते हैं। इन उत्पादों से प्राप्त होने वाले राजस्व का उपयोग सफाई अभियानों की निरंतरता के लिए किया जाता है। एकल उपयोग वाले प्लास्टिक के हमारे उपयोग को कम करने और घरेलू सामानों को पुनर्चक्रित करने पर जोर देती है।	https://theocean-cleanup.com/

12.	ब्रिथ फ्रेश	–	ब्रिथ फ्रेश एक दिल्ली स्थित पर्यावरण स्टार्टअप है जो 2017 में लॉन्च किया गया था। यह इनडोर वायु प्रदूषण के बारे में जागरूकता एवं प्राकृतिक रूप से स्वच्छ इनडोर वायु बनाकर एक स्वस्थ जीवन शैली को बढ़ावा देता है। ब्रिथ फ्रेश ने एक विशेष वायु प्राकृतिक शुद्धिकरण बैग का डिजाइन किया है जिसमें शक्तिशाली सक्रिय इको-फ्रेंडली पॉलीयूरेथेन फिल्टर (सक्रिय कोयला) होते हैं जो घरों में पाए जाने वाली अधिकतम गंध, अतिरिक्त नमी और विभिन्न कण, धुएं जैसे भारी कणों, एयरबोर्न केमिकल्स, हानिकारक प्रदूषक, पेंट्स से रसायन आदि को अवशोषित करता है। यह बच्चों और पालतू जानवरों के लिए सुरक्षित है। यह गंध रहित, रासायनिक मुक्त, गैर-विषाक्त एवं पर्यावरण-अनुकूल है। इस बैग का शैल्फ जीवन एक वर्ष तक है एवं सिर्फ महीने में एक बार रिचार्ज करने के लिए बैग को सीधे धूप में रखें।	https://breathe-fresh.in/product/vayu-lite/
13.	रबड़ का बूट (गमशू)	–	एम्स्टर्डम की सड़कों से गोंद इकट्ठा करता है और इसे जूते में बदल देता है। यह रबर का एक पुनर्नवीनीकरण स्रोत भी प्रदान करती है।	
14.	डेविक अर्थ	डॉ. श्री. कांत सोला	ग्रीन-टेक कंपनी, डेविक अर्थ की प्योर स्काइज सिस्टम आज उपलब्ध किसी भी मौजूदा तकनीक की तुलना में हवा की गुणवत्ता को बेहतर बनाने का दावा करती है। यह मानव स्वास्थ्य को नुकसान पहुंचाने वाले प्रदूषकों (पीएम 10 और पीएम 2.5), नाइट्रोजन ऑक्साइड (एनओएक्स) और सल्फर डाइऑक्साइड (एसओ 2) को कम करके वायु गुणवत्ता सूचकांक "33 प्रतिशत" में सुधार कर सकता है।	https://www.devic-earth.com/

15.	डीआईवा. ई/जुगाड़ एयर प्यूरीफायर स्मार्ट हवा	थॉमस टैल्हम	यह वायु शोधक है। यह HEPA (हाई-एफिशिएंसी पार्टिकुलेट अरेस्टेंस) फिल्टर के माध्यम से हवा को धक्का देकर हवा से पीएम 2.5 और पीएम 10 जैसे छोटे कणों को हटाकर कम करता है।	https://m.dailyhunt.in/news/india/english/yourstory-epaper-yourstory/meet+these+4+startups+fighting+pollution+with+ideas+from+thick+air-newsid-n154129050
16.	चक्र नवाचारः उपयोगी प्रदूषण	अर्पित धूपर, कुशाग्र श्रीवास्तव एवं साथी	चक्र शील्ड एक अभिनव उत्सर्जन नियंत्रण उपकरण है जो स्रोत पर प्रदूषण को कैप्चर करता है और इसे कुछ उपयोगी में परिवर्तित करता है। दुनिया का पहला रेट्रो-फिट उत्सर्जन नियंत्रण उपकरण इंजन पर किसी भी प्रतिकूल प्रभाव के बिना डीजल जनरेटर के निकास से 90 प्रतिशत कण उत्सर्जन को कैप्चर कर सकता है।	https://chakr.in/
17.	ग्रीन स्टार्टअप	–	यह चीन में ग्रीन नवाचार और उद्यमिता के लिए अग्रणी मंच है। यह 22 सालों से लगातार हरित अर्थव्यवस्था पर केंद्रित है। यह शुरुआती पर्यावरण उद्यमियों को उनकी जीवित कठिनाइयों से छुटकारा पाने और टिकाऊ विकास को प्राप्त करने के लिए काउंसलिंग, प्रभावशाली के मॉडल का उपयोग करते हैं। यह उन उद्यमियों का समर्थन करता है जो पर्यावरणीय समस्याओं का समाधान करते हैं, उनकी उत्तरजीविता और नवाचार क्षमता में सुधार करते हैं, उन्हें निरंतर बढ़ने में मदद करते हैं, और व्यावसायिक सफलता प्राप्त करते हुए पर्यावरण और सामाजिक योगदान करते हैं।	http://www.greenstartups.cn/en/

अतः इस प्रकार के स्टार्ट अप स्कूल, महाविद्यालयों, सरकारी और गैर सरकारी संगठनों के कार्यक्रमों के द्वारा प्रसार किए जाना चाहिए। जिससे युवा अपने केरियर के साथ-साथ पर्यावरण के प्रति अधिक से अधिक जागरूक हो सके। अगर हम सब मिलकर छोटे छोटे लेकिन निरंतर प्रयास करें तो न केवल अपने आस पास के पर्यावरण को बदल पायेंगे बल्कि दूसरों को भी इसके लिए प्रेरित कर सकेंगे।

अध्याय 10

परिशिष्ट (Appendix)

प्रदूषण से सम्बंधित संगठन

आज दुनिया भर में विभिन्न प्रकार के अलौकिक पर्यावरण संगठन, एजेंसियां, आयोग, कार्यक्रम और सचिवालय मौजूद हैं। कुछ प्रकृति में वैश्विक हैं। पर्यावरण के लिए काम करने वाले संगठनों की सूची इस प्रकार है।

क्र.स.	संगठन का नाम	स्थापना वर्ष	मुख्यालय
1.	संयुक्त राष्ट्र पर्यावरण कार्यक्रम (यूएनईपी या संयुक्त राष्ट्र पर्यावरण) United Nations Environment Programme (UNEP or UN Environment)	5 जून 1972	नैरोबी, केन्या Nairobi, Kenya
2.	राष्ट्रीय पर्यावरण इंजीनियरिंग अनुसंधान संस्थान CSIR-National Environmental Engineering Research Institute (CSIR-NEERI)	08 अप्रैल 1958	नागपुर, महाराष्ट्र, भारत Nagpur, Maharashtra, India
3.	ग्लोबल ग्रीन ग्रोथ इंस्टीटयूट Global Green Growth Institute (GGGI)	2010	सियोल, कोरिया गणराज्य Seoul, Republic of Korea
4.	जलवायु परिवर्तन पर अंतर सरकारी पैनल Intergovernmental Panel on Climate Change (IPCC)	1988	जिनेवा, स्विट्जरलैंड Geneva, Switzerland
5.	प्रकृति के संरक्षण के लिए अंतर्राष्ट्रीय संघ (आधिकारिक तौर पर प्रकृति और प्राकृतिक संसाधनों के संरक्षण के लिए अंतर्राष्ट्रीय संघ) International Union for Conservation of Nature (IUCN; officially International Union for Conservation of Nature and Natural Resources)	5 अक्टूबर 1948	ग्लैंड, स्विट्जरलैंड Gland, Switzerland
6.	यूरोपीय पर्यावरण एजेंसी European Environment Agency (EEA)	30 अक्टूबर 1993	कोपेनहेगन, डेनमार्क Copenhagen, Denmark
7.	अंतर्राष्ट्रीय सीलबंद प्राधिकरण (आईएसए) International Seabed Authority (ISA)	16 नवंबर 1994	किंग्स्टन, जमैका Kingston, Jamaica

8.	सागर के कानून के लिए अंतर्राष्ट्रीय न्यायाधिकरण International Tribunal for the Law of the Sea (ITLOS)	10 दिसंबर 1982 को मान्यता एवं 16 नवंबर 1994 से लागू हुआ	हैमबर्ग, जर्मनी Hamburg, Germany
9.	विश्व मौसम विज्ञान संगठन World Meteorological Organisation (WMO)	23 मार्च 1950	जिनेवा, स्विट्जरलैंड Geneva, Switzerland
10.	जैव विविधता और पारिस्थितिकी तंत्र सेवाओं पर अंतरसरकारी विज्ञान-नीति मंच Intergovernmental Science-Policy Platform on Biodiversity and Ecosystem Services (IPBES)	2012	बॉन, जर्मनी Bonn, Germany
11.	अंतर्राष्ट्रीय उष्णकटिबंधीय इमारती लकड़ी संगठन International Tropical Timber Organisation (ITTO)	1986	योकोहामा, जापान Yokohama, Japan
12.	अंतर्राष्ट्रीय व्हेलिंग आयोग International Whaling Commission (IWC)	2 दिसंबर 1946	इम्पिंगटन, यूनाइटेड किंगडम Impington, United Kingdom
13.	उत्तर अटलांटिक समुद्री स्तनधारी आयोग North Atlantic Marine Mammal Commission (NAMMCO)	8 जुलाई 1992	नूक, ग्रीनलैंड Nuuk, Greenland
14.	पर्यावरण सहयोग आयोग Commission for Environmental Cooperation (CEC	1994	मॉन्ट्रियल, क्यूबेक, कनाडा Montreal, Quebec, Canada
15.	ऐशियन वन्यजीव प्रवर्तन नेटवर्क ASEAN Wildlife Enforcement Network (ASEAN-WEN)	1 दिसंबर 2005	सभी दस ऐशियन देश All ten ASEAN
16.	यूरोपीय वन संस्थान European Forest Institute (EFI)	2005	जोएन्सु, फिनलैंड Joensuu, Finland
17.	मध्य और पूर्वी यूरोप के लिए क्षेत्रीय पर्यावरण केंद्र Regional Environmental Center for Central and Eastern Europe	1990	हंगरी, पोलैंड Hungary, Poland
18.	पैसिफिक आइलैंड्स फोरम फिशरीज एजेंसी Pacific Islands Forum Fisheries Agency (FFA)	9 अगस्त 1979	होनियारा, सोलोमन द्वीप Honiara, Solomon Islands
19.	प्रशांत क्षेत्रीय पर्यावरण कार्यक्रम का सचिवालय Secretariat of the Pacific Regional Environment Programme (SPREP)	16 जून 1993	आपिया, समोआ Apia, Samoa

20.	आपदा जोखिम न्यूनीकरण के लिए संयुक्त राष्ट्र कार्यालय United Nations Office for Disaster Risk Reduction (UNDRR)	22 दिसंबर 1999	जिनेवा, स्विट्जरलैंड Geneva, Switzerland

पर्यावरण संस्थान

क्र.सं.	संस्थान/विश्वविद्यालयों का नाम	स्थापना वर्ष	देश
1.	मैकमास्टर पर्यावरण और स्वास्थ्य संस्थान McMaster Institute of Environment and Health (MIEH)	1996	कनाडा Canada
2.	पर्यावरण आंकलन संस्थान Environmental Assessment Institute (EAI)	2002	डेनमार्क Denmark
3.	वैश्विक जैव विविधता सूचना सुविधा Global Biodiversity Information Facility	2001	कोपेनहेगन, डेनमार्क Copenhagen, Denmark
4.	डेनमार्क राष्ट्रीय पर्यावरण अनुसंधान संस्थान National Environmental Research Institute of Denmark	1989	डेनमार्क Denmark
5.	फिनिश पर्यावरण संस्थान Finnish Environment Institute (SYKE)	1995	फिनलैंड Finland
6.	हेल्महोल्त्ज सेंटर फॉर एनवायरनमेंटल रिसर्च-यूएफजेड Helmholtz Centre for Environmental Research–UFZ	28 नवंबर 2006	जर्मनी Germany
7.	ग्लोबल कॉमन्स एंड क्लाइमेट चेंज मर्केटर रिसर्च संस्थान Mercator Research Institute on Global Commons and Climate Change (MCC)	2012	बर्लिन, जर्मनी Berlin, Germany
8.	ओको-इंस्टीटयूट (एप्लाइड इकोलॉजी संस्थान) Öko-Institute (Institute for Applied Ecology)	1977	फ्रीबर्ग दुर्ग ब्रिसगाऊ, जर्मनी। Freiburg im Breisgau, Germany
9.	वुपर्टल जलवायु, पर्यावरण और ऊर्जा संस्थान Wuppertal Institute for Climate, Environment and Energy	1991	वुप्पर्टल, जर्मनी Wuppertal, Germany
10.	कलामोस द्वीप जैविक क्षेत्र स्टेशन Kalamos Island biological field station	.	आयोनियन द्वीप, ग्रीस Ionian islands,Greece
11.	पर्यावरण अधययन के लिए अरवा संस्थान Arava Institute for Environmental Studies (AIES)	1996	इजराइल Israel

12.	जैविक अनुसंधान के लिए इजराइल संस्थान Israel Institute for Biological Research (IIBR)	फरवरी 1948	जाफा, इजराइल Jaffa, Israel
13.	डुरेल संरक्षण और पारिस्थितिकी संस्थान Durrell Institute of Conservation and Ecology (DICE)	1989	कैंटरबरी, यूनाइटेड किंगडम Canterbury, United Kingdom
14.	चार्टेड पर्यावरणीय स्वास्थ्य संस्थान Chartered Institute of Environmental Health (CIEH)	1883	चाडविक कोर्ट, साउथवार्क, लंदन Chadwick Court, Southwark, London
15.	जैविक, पर्यावरण और ग्रामीण विज्ञान संस्थान Institute of Biological, Environmental and Rural Sciences (IBERS)	1919	एबरिस्टविथ, वेल्स Aberystwyth, Wales
16.	पर्यावरण और ऊर्जा अध्ययन संस्थान Environmental and Energy Study Institute (EESI)	1984	वाशिंगटन डी सी Washington, DC
17.	फ्लोरिडा पर्यावरण अनुसंधान संस्थान Florida Environmental Research Institute (FERI)	1998	टाम्पा, एफएल, यूएसए Tampa, FL, USA
18.	पर्यावरण नियोजन और प्रौद्योगिकी केंद्र Centre for Environmental Planning and Technology	1962	अहमदाबाद, गुजरात, भारत Ahmedabad, Gujarat, India
19.	राष्ट्रीय पर्यावरण इंजीनियरिंग अनुसंधान संस्थान CSIR-National Environmental Engineering Research Institute (CSIR-NEERI)	08 अप्रैल 1958	नागपुर, महाराष्ट्र, भारत Nagpur, Maharashtra, India
20.	ऊर्जा और संसाधन संस्थान The Energy and Resources Institute (TERI)	1974	नई दिल्ली, भारत New Delhi, India
21.	पर्यावरण शिक्षा केंद्र Centre for Environment Education (CEE)	अगस्त 1984	अहमदाबाद Ahmedabad
22.	विज्ञान और पर्यावरण केंद्र Centre for Science and Environment (CSE)	1980	नई दिल्ली, भारत New Delhi, India

पर्यावरण से सम्बंधित गैर-सरकारी संगठन

क्र.सं.	एनजीओ का नाम	स्थापना वर्ष	मुख्यालय/स्थान	वेबसाइट
1.	अफ्रीका पर्यावरण फाउंडेशन	1992	लक्का, फ्रीटाउन पेनिनसुला, सिएरा लियोन	http://www.efasl.org
2.	Client Earth	2008	लंदन	www.clientearth.org
3.	जलवायु एक्शन नेटवर्क-अंतर्राष्ट्रीय	1989	बॉन, जर्मनी	www.climatenetwork.org
4.	यूरोपीय पर्यावरण और संसाधन अर्थशास्त्रियों की एसोसिएशन	मई 1992	वेनिस, इटली	https://www.eaere.org

5.	यूरोपीय पर्यावरण ब्यूरो	1974	ब्रसेल्स	http://www.eeb.org
6.	Aytzim	2001	न्यूयॉर्क शहर	aytzim.org, jewcology.org
7.	सिएरा क्लब	28 मई, 1892	ओकलैंड, कैलिफोर्निया, यू.एस.	www.sierraclub.org
8.	सेंड. अर्थ	2000 (फॉरेस्ट एथिक्स के रूप में), 2016 में स्टैंडआयर में बदल गया	वैंकूवर, बीसीय सैन फ्रांसिस्को, सीएय बेलिंगहैम, वाशिंगटन	www.stand.earth
9.	ग्रीनपीस पूर्वी एशिया	1997	हॉगकॉग	http://www.greenpeace.org/eastasia
10.	ग्लोबल ग्रीन ग्रोथ इंस्टीटयूट	2010	सियोल, कोरिया गणराज्य	www.gggi.org
11.	वर्षावन फाउंडेशन नॉर्वे	1989	ओस्लो, नोर्वे	https://www.regnskog.no/
12.	हरित जीवन	8 अप्रैल, 2011	सागैंग क्षेत्र, सागैंग टाउनशिप	-
13.	350.ओर्ग	2007	ओकलैंड, कैलिफोर्निया	https://350.org/
14.	बर्ड लाइफ इंटरनेशनल	1922	कैम्ब्रिज, यूनाइटेड किंगडम	www.birdlife.org https://american friends of birdlife.org/
15.	ग्रीन क्रॉस इंटरनेशनल	1993	क्योटो, स्विट्जरलैंड	www.gcint.org
16.	इन्टर अमेरिकन पर्यावरण रक्षा संस्था	1998	सैन फांसिस्को, कैलिफोर्निया, संयुक्त राज्य	-
17.	संरक्षण अंतर्राष्ट्रीय	1987	आर्लिंगटन, वर्जीनिया, संयुक्त राज्य अमेरिका	www.conservation.org
18.	अर्थवॉच इंस्टीटयूट	1971	बोस्टन, मेसाचुसेट्स	www.earthwatch.org
19.	वर्ल्ड वाइड फंड फॉर नेचर (डब्ल्यूडब्ल्यूएफ)	29 अप्रैल 1961	ग्लैंड, स्विट्जरलैंड	https://www.worldwildlife.org/
20.	पृथ्वी यूरोप के युवा मित्र	2007	ब्रुसेल्स, बेल्जियम	https://www.foeeurope.org/yfoee
21.	द नेचर कंजरवेंसी	1951	आर्लिंगटन, वर्जीनिया, संयुक्त राज्य अमेरिका	www.nature.org
22.	सरुराइडर फाउंडेशन	1984	कैलिफोर्निया	https://www.surfrider.org/

23.	एक रोचा	13 दिसंबर 1983	लंदन, ब्रिटेन	https://www.arocha.org/en/
24.	अच्छा ग्रह गाउंडेशन	2005	पेरिस, फ्रांस	https://www.goodplanet.org/fr/
25.	प्रोजेक्ट अवेयर	1989	रैंचो सांता मार्गारीटा, यूनाइटेड स्टेट	https://www.projectaware.org/
26.	गैर-पारंपरिक ऊर्जा और ग्रामीण प्रौद्योगिकी एजेंसी	1986	बिजली विभाग, केरल सरकार, तिरुवनंतपुरम, भारत	anert.gov.in
27.	बॉम्बे नेचुरल हिस्ट्री सोसाइटी	15 सितंबर 1883	हॉर्नबिल हाउस, मुंबई, भारत	bnhs.org
28.	विज्ञान और पर्यावरण केंद्र	1980	नई दिल्ली, भारत	www.cseindia.org
29.	संरक्षण	1998	नई दिल्ली, भारत	-
30.	दिल्ली ग्रीन्स	मार्च 2007	नई दिल्ली, भारत	www.delhigreens.org
31.	भारतीय पर्यावरणविद फाउंडेशन	2007	चेन्नई, भारत	https://indiaenvironment.org/
32.	हिमालयन वेलफेयर ऑर्गनाइजेशन	मार्च, 2008	पहलगाम, कश्मीर, भारत	https://www.hwopahalgam.org/
33.	पसुमाय थयागम	20 नवंबर 1995	तमिलनाडु, पांडिचेरी, और आंध्र प्रदेश, केरल और कर्नाटक के कुछ हिस्से	http://pasumaithaayagam.in/
34.	विंधय पारिस्थितिकी और प्राकृतिक इतिहास फाउंडेशन	2012	मिर्जापुर, उत्तर प्रदेश, भारत	vindhyabachao.org

प्रदूषण से सम्बंधित अधिनियम

पर्यावरण प्रदूषण को नियंत्रित करने के लिए अलग-अलग देशों ने विभिन्न अधि नियम बनाये है।

क्र.स.	देश	अधिनियम/विनियम	सन
1.	भारत	जल (प्रदूषण निवारण एवं नियंत्रण) अधिनियम	1974
2.		वायु (रोकथाम और प्रदूषण नियंत्रण) अधिनियम	1981
3.		पर्यावरण (संरक्षण) अधिनियम	1986
4.		वन संरक्षण अधिनियम	1980
5.		खतरनाक अपशिष्ट हैंडलिंग और प्रबंधन अधिनियम	1989
6.		भारतीय वन अधिनियम	1927
7.		राष्ट्रीय पर्यावरण न्यायाधिकरण अधिनियम	1995

8.		राष्ट्रीय हरित अधिकरण अधिनियम	2010
9.		शोर प्रदूषण नियम	2000
10.		सार्वजनिक देयता बीमा अधिनियम	1991
11.		वन्यजीव संरक्षण अधिनियम	1972
12.		वाइल्ड लाइफ (संरक्षण) संशोधन अधिनियम	2002
13.	केन्या	जैव सुरक्षा अधिनियम	2009
14.		पर्यावरण (प्रभाव आकलन और ओडिट) विनियम	2003
15.		पर्यावरण प्रबंधन और समन्वय अधिनियम	1999
16.		पर्यावरण प्रबंधन और समन्वय (जैविक विविधता और संसाधनों का संरक्षण, आनुवंशिक संसाधनों तक पहुँच और लाभ साझाकरण) विनियम	2006
17.		पर्यावरण प्रबंधन और समन्वय (नियंत्रित पदार्थ) विनियम	2007
18.		पर्यावरण प्रबंधन और समन्वय (शोर और अत्यधिक कंपन प्रदूषण) (नियंत्रण) विनियम	2009
19.		पर्यावरण प्रबंधन और समन्वय (अपशिष्ट प्रबंधन) विनियम	2006
20.		पर्यावरण प्रबंधन और समन्वय (जल गुणवत्ता) विनियम	2006
21.		पर्यावरण प्रबंधन और समन्वय (वेटलैंड्स, रिवरबैंक, लेक किनारे और सी शोर प्रबंधन) विनियम	2009
22.		पर्यावरण (तटीय क्षेत्र में प्रदूषण की रोकथाम और पर्यावरण के अन्य खंड) विनियमन	2003
23.		वन अधिनियम	2005
24.		केन्या पर्यावरण प्रबंधन और समन्वय अधिनियम	1999
25.		जल अधिनियम	2002
26.	चीन	वायु प्रदूषण नियंत्रण अधिनियम	1987
27.		पशु महामारी निवारण कानून	1997
28.		पर्यावरण संरक्षण कानून	1989
29.		मत्स्य कानून	1986
30.		बाढ़ नियंत्रण कानून	1997
31.		वानिकी कानून	1985
32.		ग्रासलैंड कानून	1985
33.		डेजर्ट प्रिवेंशन एंड ट्रांसफॉर्मेशन कानून	2001
34.		समुद्री पर्यावरण संरक्षण कानून	1983
35.		जल प्रदूषण रोकथाम और नियंत्रण कानून	1996
36.		जल कानून	1988
37.		पुरावशेष अधिनियम	1906

38.		परमाणु ऊर्जा अधिनियम	1946
39.		स्वच्छ वायु अधिनियम	1963
40.		स्वच्छ जल अधिनियम	1972
41.		तटीय क्षेत्र प्रबंधन अधिनियम	1972
42.	संयुक्त राज्य	व्यापक पर्यावरण प्रतिक्रिया, मुआवजा और देयता अधिनियम	1980
43.	अमेरिका	आपातकालीन योजना और सामुदायिक अधिकार अधिनियम	1986
44.		लुप्तप्राय प्रजाति अधिनियम	1973
45.		ऊर्जा नीति अधिनियम	1992
46.		ऊर्जा नीति अधिनियम	2005
47.		संघीय खाद्य, औषधि और कॉस्मेटिक अधिनियम	1938
48.		संघीय भूमि नीति और प्रबंधन अधिनियम	1976
49.		संघीय कीटनाशक, कवकनाशी और रोडेंटिसाइड अधिनियम	1910
50.		संघीय शक्ति अधिनियम	1920
51.		मछली और वन्यजीव समन्वय अधिनियम	1934
52.	संयुक्त राज्य	खाद्य गुणवत्ता संरक्षण अधिनियम	1996
53.	अमेरिका	मत्स्य संरक्षण और प्रबंधन अधिनियम	1976
54.		समुद्री स्तनपायी संरक्षण अधिनियम	1972
55.		प्रवासी पक्षी संधि अधिनियम	1918
56.		राष्ट्रीय पर्यावरण नीति अधिनियम	1970
57.		राष्ट्रीय वन प्रबंधन अधिनियम	1976
58.		राष्ट्रीय ऐतिहासिक संरक्षण अधिनियम	1966
59.		राष्ट्रीय उद्यान सेवा जैविक अधिनियम	1916
60.		शोर नियंत्रण अधिनियम	1972
61.		भूतल खनन नियंत्रण और पुनर्निर्माण अधिनियम	1977
62.		परमाणु अपशिष्ट नीति अधिनियम	1982
63.		महासागर डंपिंग अधिनियम	1972
64.		संसाधन संरक्षण और पुनर्प्राप्ति अधिनियम	1976
65.		सुरक्षित पेयजल अधिनियम	1974
66.		विषाक्त पदार्थ नियंत्रण अधिनियम	1976
67.		जंगली और दर्शनीय नदियाँ अधिनियम	1968
68.		जंगल अधिनियम	1964
69.		तेल प्रदूषण अधिनियम	1990
70.		नदियाँ और बंदरगाह अधिनियम	1899

पर्यावरण से सम्बन्धित महत्वपूर्ण दिवस

अर्न्ताष्ट्रीय स्तर पर पर्यावरण के प्रति जन जागरूकता पैदा करने की दृष्टि से पर्यावरण सम्बन्धी कई दिवस मनाए जाते है जिनका विविरण निचे दिया गया है।

क्र.स.	दिवस	दिन
1.	विश्व दलदल दिवस	2 फरवरी
2.	विश्व वन्य जीव दिवस	3 मार्च
3.	विश्व वानिकी दिवस	21 मार्च
4.	विश्व जल दिवस	22 मार्च
5.	विश्व गौरया दिवस	22 मार्च
6.	विश्व स्वास्थ्य दिवस	7 अप्रैल
7.	विश्व विरासत दिवस	18 अप्रैल
8.	विश्व पृथ्वी दिवस	22 अप्रैल
9.	अन्तर्राष्ट्रीय प्रवासी पक्षी दिवस	3 मई
10.	विश्व जैव विविधता दिवस	22 मई
11.	विश्व पर्यावरण दिवस	5 जून
12.	विश्व महासागर दिवस	8 जून
13.	नदी दिवस	11 जून
14.	अन्तर्राष्ट्रीय योग दिवस	21 जून
15.	विश्व जनसंख्या दिवस	11 जुलाई
16.	विश्व ओजोन दिवस	16 सितम्बर
17.	हरित उपभोगता दिवस	28 सितम्बर
18.	विश्व आवास दिवस	3 अक्टूबर
19.	पशु कल्याण दिवस	4 अक्टूबर
20.	वन्यजीव सप्ताह	1-7 अक्टूबर
21.	भोपाल गैस त्रासदी दिवस	2 दिसम्बर
22.	विश्व मृदा दिवस	5 दिसम्बर

राष्ट्रीय उद्यान

भारत में पारिस्थितिकीय रूप से अति महत्वपूर्ण और जैव विविधता से समृद्ध क्षेत्रों को चार भागों यथा- राष्ट्रीय उद्यान, वन्य जीव अभयारण, जैवमण्डलीय आरक्षित क्षेत्र एवं हॉट स्पॉट क्षेत्र में बांटा जाता है जिनका विवरण निम्नवत् है:

वर्गीकरण	संख्या	महत्वपूर्ण विशेषता	प्रमुख उदाहरण
राष्ट्रीय उद्यान **नोटः** सर्वाधिक राष्ट्रीय उद्यान वाले राज्य/के.प्र.: मध्य प्रदेश (9), अंडमान निकोबार (9), तमिलनाडु (6), केरल (6), महाराष्ट्र (6) **नोटः** न्यूनतम राष्ट्रीय उद्यान वाले राज्य- सिक्किम (1), नागालैण्ड (1), उ.प्र. (1), बिहार (1), गोवा (1) एवं झारखण्ड (1)	105	• भारत में 1972 में वन्यजीव (संरक्षण) अधिनियम पारित किया गया जिसके अन्तर्गत राष्ट्रीय उद्यानों की स्थापना हुई। • इन क्षेत्रों में जानवरों को चराने या जंगली उत्पाद जैसे लकड़ी, पत्तों, जड़ी बूटियों को काटने-की मंजूरी नहीं होती। • इस क्षेत्र में किसी भी प्रकार के अधिवास और मानवीय गतिविधियों की अनुमति नहीं होती। • इस क्षेत्र में रहने वाले सभी जीवों का संरक्षण समानरूप से किया जाता है। • पर्यटन की अनुमति होती है।	1. जिमकार्बेट राजाजी, फूलों की घाटी (उत्तराखण्ड) 2. गिरवन (गुजरात) 3. केवलादेव (हरियाणा) 4. नवेगांव (महाराष्ट्र) 5. सिमलीपाल (ओडिशा) 6. सुंदरवन (प.बंगाल) 7. सिरोही (मणिपुर) 8. मानस, काजीरंगा (असम) 9. बांधवगढ़, कान्हा, पन्ना (मधयप्रदेश)

वन्य जीव अभयारण

वर्गीकरण	संख्या	महत्वपूर्ण विशेषता	प्रमुख उदाहरण
वन्य जीव अभयारण	531	• भारत में 1972 में वन्यजीव (संरक्षण) अधिनियम पारित किया गया जिसके अन्तर्गत वन्य जीव अभयारण की स्थापना हुई। • इन स्थानों में जानवरों को चराने या लकड़ी इकठ्ठा करने की अनुमति है परन्तु कुछ अपवादों को छोड़कर मनुष्य का बसना प्रतिबंधित होता है। • पर्यटन की अनुमति होती है। • यह क्षेत्र किसी एक प्रजाति एवं कुछ विशिष्ट प्रजातियों के संरक्षण के लिए गठित किये जाते है। • वन्य जीव अभ्यारण और राष्ट्रीय उद्यान दोनों की घोषणा राज्य सरकार निर्देश/आदेश देकर कर सकती है । जबकि सीमा में परिवर्तन राज्य विधानमण्डल को एक संकल्प पारित कर करना होता है। • एक अभयारण को राष्ट्रीय उद्यान में परिवर्तित किया जा सकता है परन्तु एक राष्ट्रीय उद्यान को अभयारण घोषित नहीं किया जा सकता।	• हजारीबाग, पारसनाथ, पलामू (झारखण्ड) • घाट प्रभा (कर्नाटक) • इदुक्की, नेबयर मालाबार, पेरियार (केरल) • गांधी सागर, पन्ना, राष्ट्रीय चंबल (म.प्र.) • भीतरकनिका, चिल्का, गहीरमाथा, सिमलीपाल (ओडिशा) • कैमूर, महावीर स्वामी, ओखला पक्षी (उत्तरप्रदेश)

जैव मण्डलीय आरक्षित क्षेत्र

वर्गीकरण	संख्या	महत्वपूर्ण विशेषता	प्रमुख उदाहरण
जैव मण्डलीय आरक्षित क्षेत्र	18	किसी भी क्षेत्र को जैवमण्डल आरक्षित क्षेत्र का दर्जा तभी मिल सकता है जब संबंधित देश की सरकार उसे नामित करे और यूनेस्को अपने Man and Biosphere (MAB) कार्यक्रम के अन्तर्गत उसे मान्यता दे। हालांकि जैवमण्डलीय आरक्षित क्षेत्र उसी देश के क्षेत्राधिकार में होते है जहाँ वे अवस्थित होते है। • प्राकृतिक और सांस्कृतिक दृश्यभूमियों का सम्मिलित रूप जो वृहद स्थलीय या जलीय परितंत्र को समाहित करते है, जैवमण्डलीय आरक्षित क्षेत्र कहलाता है। • विकास और पर्यावरण संरक्षण के बीच समन्वय स्थापित करने के लिए जैवमण्डलीय आरक्षित क्षेत्रों की आवश्यकता महसूस की गयी क्योंकि इन क्षेत्रों में पशु-पक्षियों को तो उनके प्राकृतिक आवास में संरक्षित किया ही जाता है, साथ ही बफर और संक्रमण (बाहरी भाग) क्षेत्र में कुछ मानवीय गतिविधियों की अनुमति देकर परम्परा और विकास से भी समझौता नहीं किया जाता है। • पर्यटन निषेध होता है।	भारत के 18 जैवमण्डलीय आरक्षित क्षेत्रों में से 10 क्षेत्र विश्व नेटवर्क पर मान्यता प्राप्त है जो निम्नवत् है:- • नंदा देवी (उत्तराखण्ड) • अगस्त्यमलाई (केरल) • नीलगिरी (कर्नाटक) • नोकरेक (मेघालय) • सुंदरवन (प.बंगाल) • पंचमढ़ी (मधयप्रदेश) • सिमलीपाल (ओडिशा) • अचनकमार, अमरकंटक (छत्तीसगढ़) • ग्रेट निकोबार (अण्डमान निकोबार) • मन्नार की खाड़ी (तमिलनाडु)

हॉट स्पाट

वर्गीकरण	संख्या	महत्वपूर्ण विशेषता	प्रमुख उदाहरण
हॉट स्पाट	विश्व-34 भारत-3	• प्रसिद्ध ब्रिटिश पर्यावरणविद नार्मन मायर्स ने वर्ष 1988 में उन स्थलों को हॉट स्पॉट नाम दिया जो जैव विविधता की दृष्टि से संवेदनशील है। • वे प्राकृतिक स्थल जहाँ जनजातियों की पर्याप्त संख्या है और उनके वहाँ रहने से उस स्थल के प्राकृतिक निवासी जैसे जीव-जन्तु तथा वनस्पतियों के अस्तित्व संकट में पड़ गया हो, को जैव विविधता की दृष्टि से संवेदनशील अर्थात् हॉट स्पाँट स्थल कहा जाता है।	**भारत में हॉट-स्पाँट क्षेत्र** • पश्चिमी घाट एवं श्रीलंका • इण्डो-वर्मा • पूर्वी हिमालय

भारत के टाइगर रिजर्व

क्र.सं.	राज्य	टाइगर रिजर्व
1.	उत्तराखण्ड	जिम कार्बेट, राजा जी (48वाँ) 21 अप्रैल, 2015 को घोषित
2.	राजस्थान	रणथम्भौर, सरिस्का
3.	महाराष्ट्र	मेलघाट, पेंच, सहयाद्री, टडोबा-अंधेरी, नवेगाँव नागजिरा, बोर (47वाँ) 1 जुलाई, 2014 को घोषित
4.	कर्नाटका	बांदीपुर, नागरहोल, भद्रा, इंटेलीअंशी, बिलीगिरि रंगनाथ टेम्पल
5.	तमिलनाडु	अन्नामलाई, मदुमलाई, सत्यमंगलय, कालकड मुदथुरेई
6.	मिजोरम	डंपा
7.	मध्य प्रदेश	कान्हा, बाधवगढ़, सतपुड़ा, पन्ना, संजय डुबरी
8.	झारखंड	प्लामू
9.	केरल	पेरियार, पारम्बिकुलम
10.	तेलंगाना	कवल, अमराबाद
11.	आन्ध्र प्रदेश	नागार्जुन सागर श्रीसलेम
12.	उड़ीसा	सिमलीपाल, सतकामिया
13.	पश्चिमी बंगाल	बुक्सा, सुंदरवन
14.	छत्तीसगढ़	इंद्रावती, अचानकमार, उदंती सौतानदी
15.	बिहार	वाल्मीकि
16.	उत्तर प्रदेश	दुधवा, अमानगढ, पीलीभीत
17.	अरुणाचल प्रदेश	नामदफा, पाकुई, कामलांग टाईगर रिजर्व (50वाँ) 22 मई, 2016 को घोषित
18.	असम	काजीरंगा, मानस, नमेरी, ओरंग टाईगर रिजर्व (49वाँ) फरवरी, 2016 में घोषित

समतुल्य विश्वविद्यालय-4

क्र.स.	समतुल्य विश्वविद्यालय
1.	भारतीय कृषि अनुसंधान संस्थान, पुसा, नई दिल्ली
2.	राष्ट्रीय डेयरी अनुसंधान संस्थान, करनाल, हरयाणा
3.	भारतीय पशु चिकित्सा अनुसंधान संस्थान, इज्जतनगर, उत्तर प्रदेश
4.	केन्द्रीय मत्स्यिकी शिक्षा संस्थान, मुंबई, महाराष्ट्र

कृषि संकाय सहित केन्द्रीय विश्वविद्यालय-4

क्र.सं.	समतुल्य विश्वविद्यालय
1.	बनारस हिन्दू विश्वविद्यालय, वाराणासी, उत्तर प्रदेश
2.	अलिगढ़ मुस्लिम विश्वविद्यालय, अलिगढ़, उत्तर प्रदेश
3.	विश्व भारती, शांतिनिकेतन, पश्चिम बंगाल
4.	नागालैंड विश्वविद्यालय, मेदजीफेमा, नागालैंड

क्र.सं.	केन्द्रीय कृषि विश्वविद्यालय - 03
1.	केन्द्रीय कृषि विश्वविद्यालय, इम्फाल, मणीपुर
2.	रानी लक्ष्मी बाई केन्द्रीय कृषि विश्वविद्यालय, झांसी, उत्तर प्रदेश
3.	डॉ. राजेन्द्र प्रसाद केन्द्रीय कृषि विश्वविद्यालय, पुसा, समस्तीपुर बिहार

क्र.सं.	भारतीय कृषि अनुसंधान परिषद संस्थान
1.	केन्द्रीय द्वीपीय कृषि अनुसंधान संस्थान, पोर्ट ब्लेअर
2.	केन्द्रीय शुष्क क्षेत्र अनुसंधान संस्थान, जोधपुर
3.	केन्द्रीय पक्षी अनुसंधान संस्थान, इज्जतनगर
4.	केन्द्रीय अंत: स्थलीय मात्स्यिकी अनुसंधान संस्थान, बैरकपुर
5.	केन्द्रीय खारा जल जीवपालन संस्थान, चैन्नई
6.	केन्द्रीय भैंस अनुसंधान संस्थान, हिसार
7.	केन्द्रीय बकरी अनुसंधान संस्थान, मखदुम
8.	केन्द्रीय कृषि अभियांत्रिकी संस्थान, भोपाल
9.	राष्ट्रीय उच्च सुरक्षा पशुरोग संस्थान, भोपाल
10.	केन्द्रीय कपास अनुसधांन सस्थान, नागपुर
11.	केन्द्रीय मात्स्यिकी प्रौद्योगिकी संस्थान, कोच्चि
12.	केन्द्रीय ताजा जल जीव पालन संस्थान, भुवनेश्वर, ओडिशा
13.	केन्द्रीय कपास प्रौद्योगिकी अनुसंधान संस्थान, मुंबई
14.	केन्द्रीय उपोष्ण बागवानी संस्थान, लखनऊ
15.	केन्द्रीय शीतोष्ण बागवानी संस्थान, श्रीनगर
16.	केन्द्रीय कटाई उपरांत अभियांत्रिकी और प्रौद्योगिकी संस्थान, लुधियाना
17.	केन्द्रीय समुद्री मात्स्यिकी अनुसंधान संस्थान, कोच्चि
18.	केन्द्रीय रोपण फसलें अनुसंधान संस्थान, कासरगोड
19.	केन्द्रीय आलू अनुसधांन सस्थान, शिमला
20.	केन्द्रीय जूट एवं संबद्ध रेशे अनुसंधान संस्थान, बैरकपुर
21.	केन्द्रीय शुष्क भूमि कृषि अनुसंधान संस्थान, हैदराबाद
22.	राष्ट्रीय चावल अनुसधांन सस्थान, कटक, उडी़सा
23.	केन्द्रीय भेड़ एवं ऊन अनुसंधान संस्थान, अविकानगर, राजस्थान
24.	केन्द्रीय शुष्क बागवानी संस्थान, बीकानेर
25.	केन्द्रीय मृदा लवणता अनुसंधान संस्थान, करनाल
26.	भारतीय गेहूँ एवं जौ अनुसंधान संस्थान, करनाल
27.	केन्द्रीय कंदी फसलें अनुसंधान संस्थान, त्रिवेन्द्रम
28.	भारतीय कृषि अनुसंधान परिषद का पूर्वी अनुसंधान परिसर, पटना
29.	भारतीय कृषि अनुसंधान परिषद, उत्तर पूर्वी पर्वतीय क्षेत्र परिसर, बारापानी

30.	भारतीय मक्का अनुसंधान संस्थान, नई दिल्ली
31.	भारतीय कृषि सांख्यिकी अनुसंधान संस्थान, नई दिल्ली
32.	राष्ट्रीय कृषि आर्थिकी एवं नीति अनुसंधान संस्थान, नई दिल्ली
33.	भारतीय बागवानी अनुसंधान संस्थान, बेंगलुरू
34.	भारतीय कृषि जैवप्रौद्योगिकी संस्थान, राँची
35.	भारतीय प्राकृतिक रेज़िन और गोंद संस्थान, राँची
36.	भारतीय दलहन अनुसधाान सस्थान, कानपुर, उत्तर प्रदेश
37.	भारतीय मृदा विज्ञान संस्थान, भोपाल
38.	भारतीय मसाला अनुसंधान संस्थान, कालीकट
39.	भारतीय गन्ना अनुसंधान सस्थान, लखनऊ
40.	भारतीय सब्जी अनुसंधान संस्थान, वाराणसी
41.	राष्ट्रीय कृषि अनुसंधान एवं प्रबन्धन अकादमी, हैदराबाद
42.	राष्ट्रीय जैविक स्ट्रेस प्रबन्धन संस्थान, रायपुर
43.	राष्ट्रीय अजैविक स्ट्रेस प्रबन्धन संस्थान, मालेगांव, महाराष्ट्र
44.	राष्ट्रीय पशु पोषण और शरीर क्रिया विज्ञान संस्थान, बेंगलुरू
45.	राष्ट्रीय जूट एवं संबद्ध रेशे प्रौद्योगिकी अनुसंधान संस्थान, कोलकाता
46.	राष्ट्रीय पशुरोग जानपदिक एवं सूचना विज्ञान संस्थान, बेंगलुरू
47.	गन्ना प्रजनन संस्थान, कोयम्बटूर
48.	विवेकानंद पर्वतीय कृषि अनुसंधान संस्थान, अल्मोड़ा
49.	भारतीय मृदा और जल संरक्षण संस्थान, देहरादून
50.	केन्द्रीय गोवंश अनुसंधान संस्थान, मेरठ, उत्तर प्रदेश
51.	भारतीय बीज विज्ञान संस्थान, मऊ
52.	भारतीय चरागाह एवं चारा अनुसंधान संस्थान, झांसी
53.	केन्द्रीय कृषिवानिकी अनुसंधान संस्थान, झांसी
54.	भारतीय कृषि प्रणाली अनुसंधान संस्थान, मोदीपुरम, मेरठ
55.	भारतीय धान अनुसंधान संस्थान, हैदराबाद
56.	भारतीय कदन्न अनुसंधान संस्थान, हैदराबाद
57.	भारतीय तिलहन अनुसंधान संस्थान, हैदराबाद
58.	भारतीय तेल ताड़ अनुसंधान संस्थान, पेदवेगी, आन्ध्र प्रदेश
59.	केन्द्रीय तम्बाकू अनुसंधान संस्थान, राजामुंद्री
60.	भारतीय जल प्रबंधन संस्थान, भुवनेश्वर
61.	केन्द्रीय कृषिरत महिला संस्थान, भुवनेश्वर
62.	केन्द्रीय नींबूवर्गीय फल अनुसंधान संस्थान, नागपुर
63.	केन्द्रीय तटीय कृषि अनुसंधान संस्थान, गोवा
64.	भारतीय कृषि अनुसंधान संस्थान, हजारीबाग, झारखंड

क्र.सं.	राष्ट्रीय अनुसंधान केन्द्र
1.	राष्ट्रीय पादप जैव प्रौद्योगिकी अनुसंधान केन्द्र, नई दिल्ली
2.	राष्ट्रीय समन्वित नाशीजीवी प्रबन्धन केन्द्र, नई दिल्ली
3.	राष्ट्रीय लीची अनुसंधान केन्द्र, मुजफ्फरपुर
4.	राष्ट्रीय अंगूर अनुसंधान केन्द्र, पुणे
5.	राष्ट्रीय केला अनुसंधान केन्द्र, त्रिची
6.	राष्ट्रीय आर्किड अनुसंधान केन्द्र, पेकयांग, सिक्किम
7.	राष्ट्रीय अश्व अनुसंधान केन्द्र, हिसार
8.	राष्ट्रीय अनार अनुसंधान केन्द्र, शोलापुर
9.	राष्ट्रीय मांस अनुसंधान केन्द्र, हैदराबाद
10.	राष्ट्रीय शूकर अनुसंधान केन्द्र, गुवाहाटी, असम
11.	राष्ट्रीय ऊंट अनुसंधान केन्द्र, बीकानेर,राजस्थान
12.	राष्ट्रीय बीज मसाला अनुसंधान केन्द्र, अजमेर, राजस्थान
13.	राष्ट्रीय मिथुन अनुसंधान केन्द्र, मेदजीफेमा, नगालैंड
14.	राष्ट्रीय याक अनुसंधान केन्द्र, वेस्ट केमंग
15.	राष्ट्रीय एकीकृत कृषि अनुसंधान केन्द्र, मोतिहारी

क्र.सं.	राष्ट्रीय ब्यूरो
1.	राष्ट्रीय पादप अनुवांशिकी संसाधन ब्यूरो, नई दिल्ली
2.	राष्ट्रीय कृषि के लिए महत्वपूर्ण सूक्ष्म जीव ब्यूरो, मऊ, उत्तर प्रदेश
3.	राष्ट्रीय कृषि के लिए उपयोगी कीट ब्यूरो, बेंगलौर, कर्नाटक
4.	राष्ट्रीय मृदा सर्वेक्षण और भूमि उपयोग नियोजन ब्यूरो, नागपुर, महाराष्ट्र
5.	राष्ट्रीय मत्स्य अनुवांशिकी संसाधन ब्यूरो, लखनऊ, उत्तर प्रदेश
6.	राष्ट्रीय पशु आनुवंशिकी संसाधन ब्यूरो, करनाल, हरयाणा

क्र.सं.	निदेशालय/प्रायोजना निदेशालय
1.	तोरिया और सरसों अनुसंधान निदेशालय, भरतपुर, राजस्थान
2.	मशरूम अनुसंधान निदेशालय, सोलन, हिमाचल प्रदेश
3.	औषधीय एवं सुगंधीय पादप अनुसंधान निदेशालय, आनंद, गुजरात
4.	मूंगफली अनुसंधान निदेशालय, जूनागढ़, गुजरात
5.	सोयाबीन अनुसंधान निदेशालय, इंदौर, मध्य प्रदेश
6.	खरपतवार अनुसंधान निदेशालय, जबलपुर, मध्य प्रदेश
7.	कुक्कुट पालन अनुसंधान निदेशालय, हैदराबाद, आन्ध्रप्रदेश
8.	काजू अनुसंधान निदेशालय, पुत्तुर, कर्नाटक
9.	खुर एवं मुंहपका रोग प्रायोजना निदेशालय, मुक्तेश्वर, उत्तराखण्ड़

10.	शीत जल मात्स्यिकी अनुसंधान निदेशालय, भीमताल, नैनीताल, उत्तराखण्ड
11.	पुष्पविज्ञान अनुसंधान निदेशालय, पुणे, महाराष्ट्र
12.	प्याज एवं लहसुन अनुसंधान निदेशालय, पुणे, महाराष्ट्र
13.	कृषि ज्ञान प्रबंध निदेशालय (डीकेएमए), नई दिल्ली

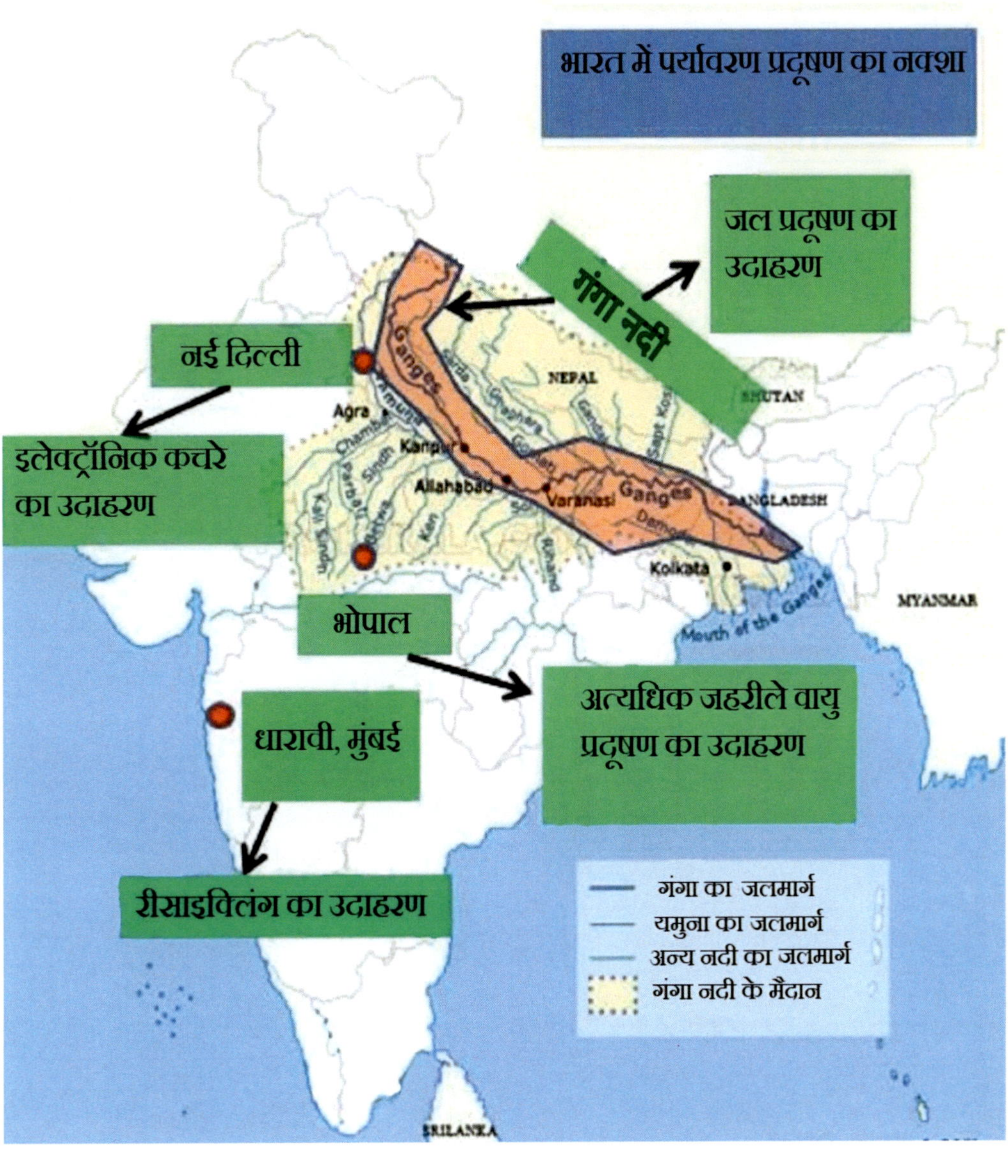
भारत में पर्यावरण प्रदूषण का नक्शा
जल प्रदूषण का उदाहरण
गंगा नदी
नई दिल्ली
इलेक्ट्रॉनिक कचरे का उदाहरण
भोपाल
अत्यधिक जहरीले वायु प्रदूषण का उदाहरण
धारावी, मुंबई
रीसाइक्लिंग का उदाहरण
NEPAL
BHUTAN
BANGLADESH
MYANMAR
SRILANKA
Agra
Kanpur
Allahabad
Varanasi
Kolkata
Ganges
Yamuna
Chambal
Sindh
Ken
Mouth of the Ganges
गंगा का जलमार्ग
यमुना का जलमार्ग
अन्य नदी का जलमार्ग
गंगा नदी के मैदान

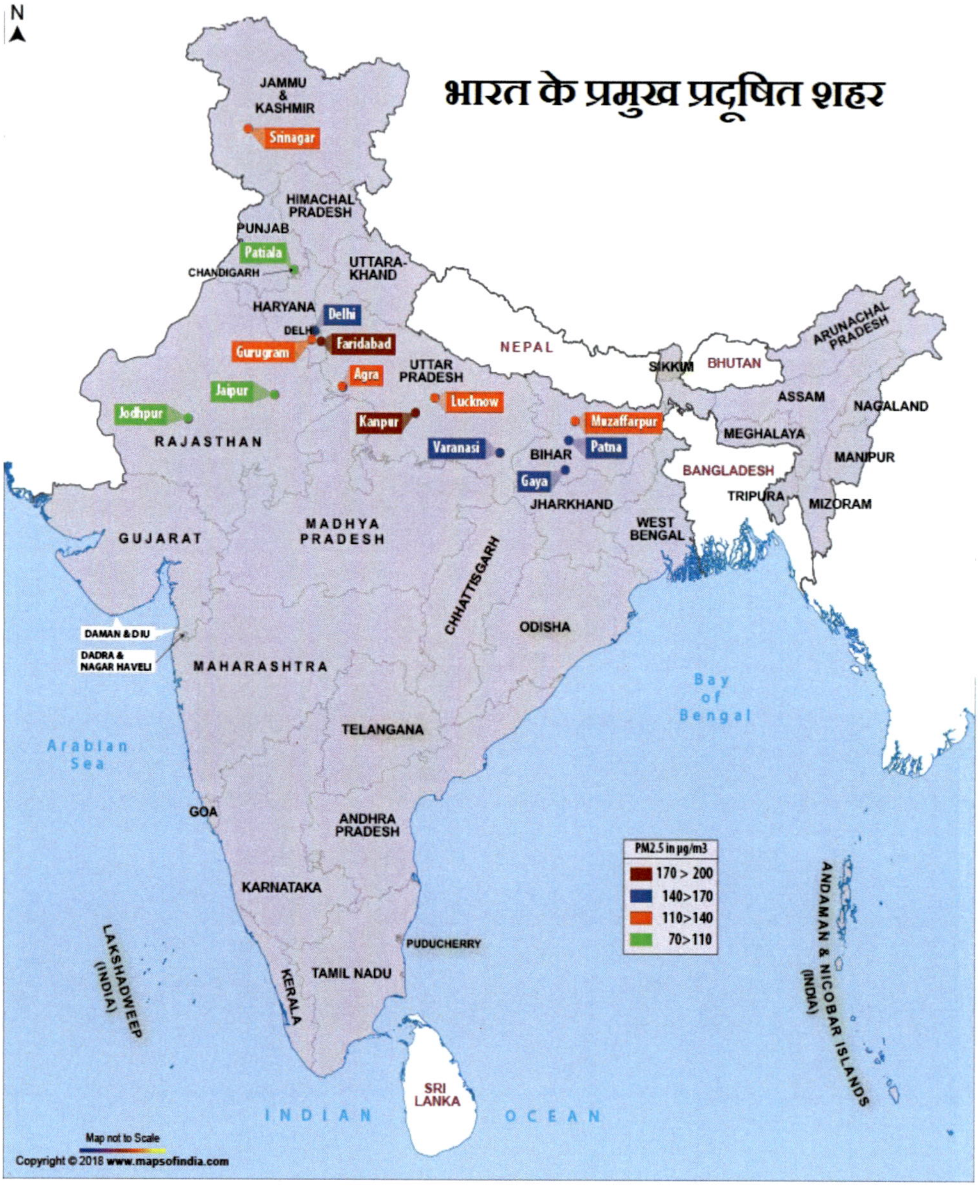
भारत के प्रमुख प्रदूषित शहर
N
JAMMU & KASHMIR
Srinagar
HIMACHAL PRADESH
PUNJAB
Patiala
CHANDIGARH
UTTARA-KHAND
HARYANA
Delhi
DELHI
Faridabad
Gurugram
Agra
UTTAR PRADESH
Jaipur
Lucknow
Jodhpur
Kanpur
RAJASTHAN
Varanasi
NEPAL
SIKKIM
BHUTAN
ARUNACHAL PRADESH
ASSAM
NAGALAND
Muzaffarpur
Patna
BIHAR
Gaya
MEGHALAYA
BANGLADESH
MANIPUR
TRIPURA
MIZORAM
JHARKHAND
WEST BENGAL
GUJARAT
MADHYA PRADESH
CHHATTISGARH
ODISHA
DAMAN & DIU
DADRA & NAGAR HAVELI
MAHARASHTRA
Bay of Bengal
TELANGANA
Arabian Sea
GOA
ANDHRA PRADESH
KARNATAKA
PM2.5 in µg/m3
170 > 200
140>170
110>140
70>110
PUDUCHERRY
LAKSHADWEEP (INDIA)
TAMIL NADU
KERALA
ANDAMAN & NICOBAR ISLANDS (INDIA)
SRI LANKA
INDIAN OCEAN
Map not to Scale
Copyright © 2018 www.mapsofindia.com

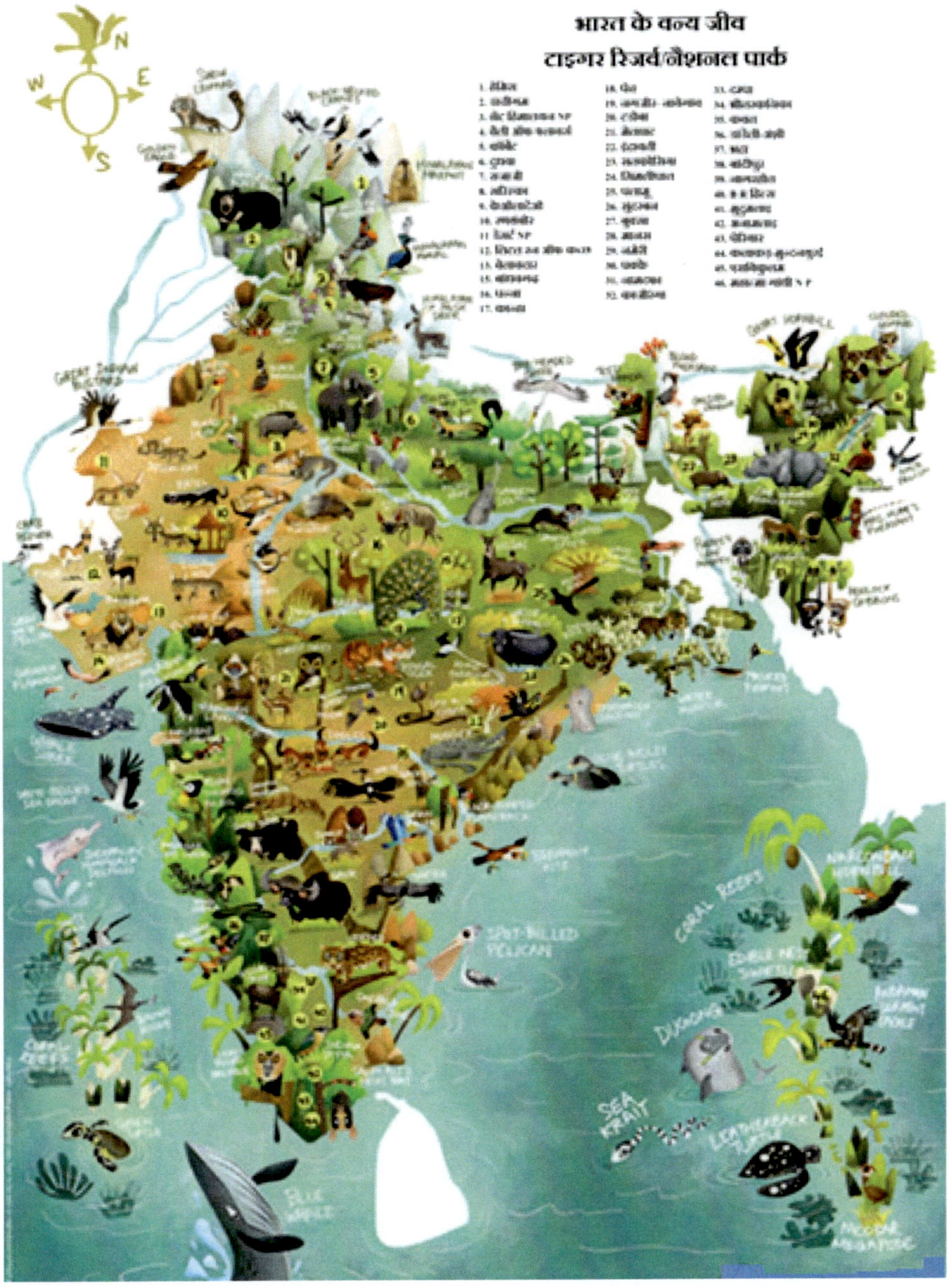
भारत के वन्य जीव
टाइगर रिजर्व/नैशनल पार्क
N
E
W
S
SPOT-BILLED PELICAN
CORAL REEFS
DUGONG
SEA KRAIT
LEATHERBACK TURTLE
BLUE WHALE

डब्लूएचओ दिशानिर्देशों द्वारा वायु प्रदूषण पैरामीटर

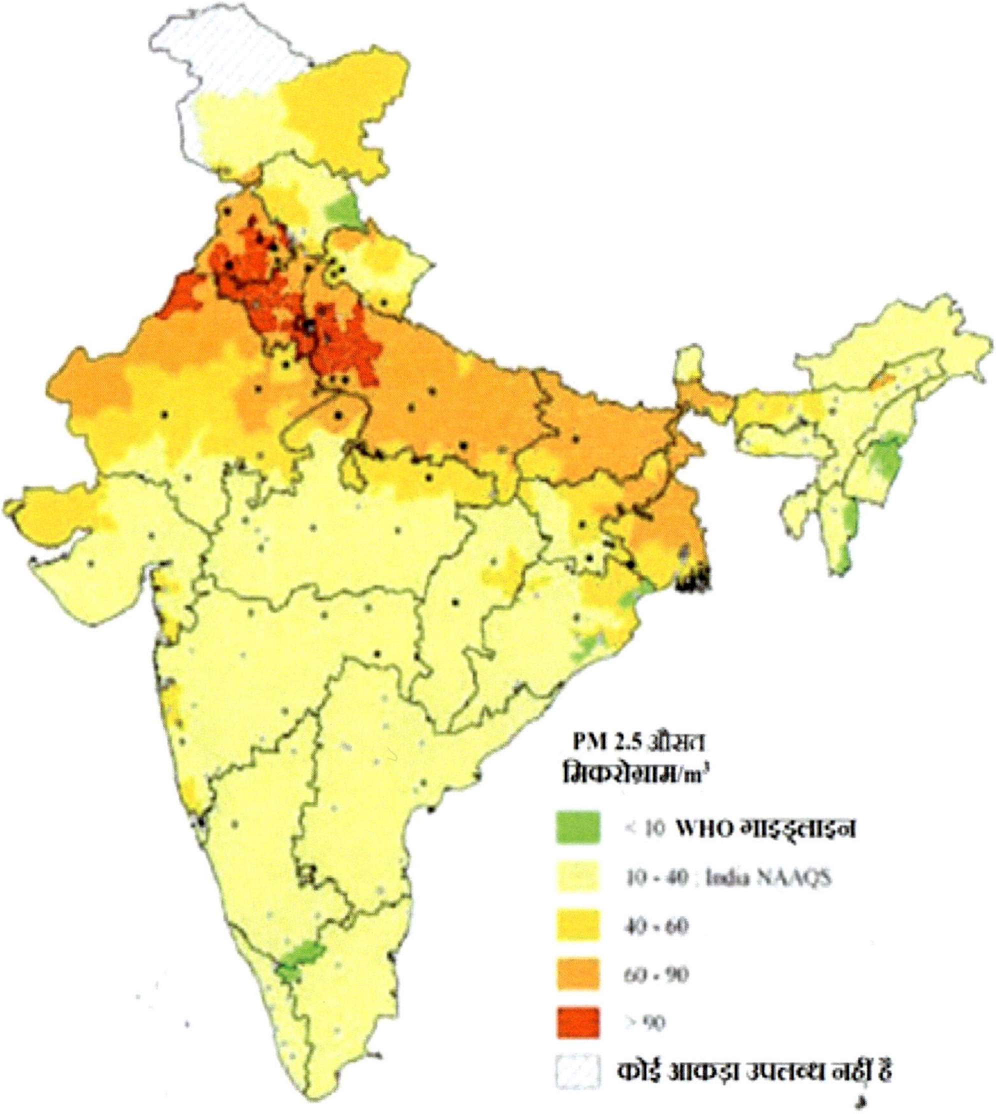

भूमि क्षरण

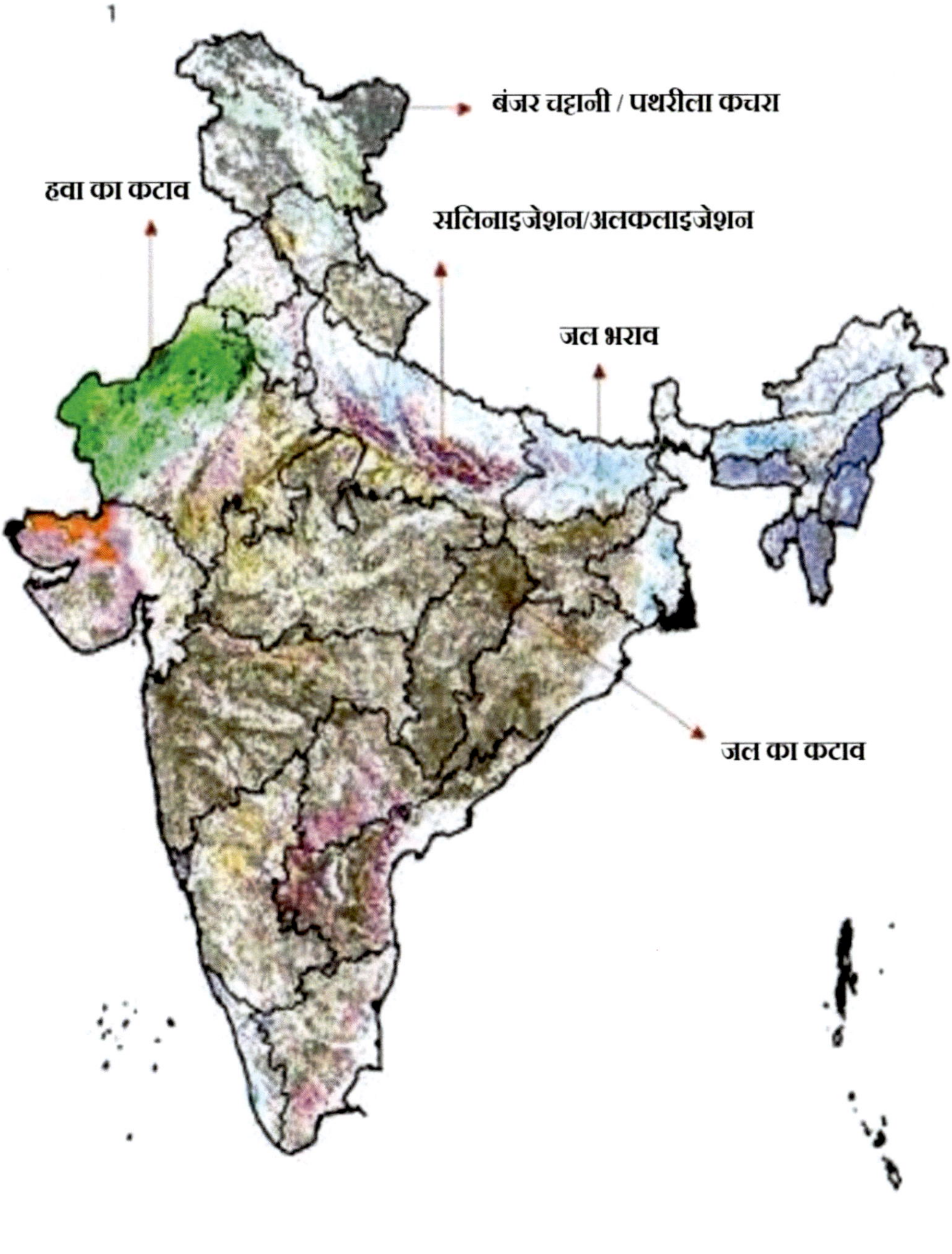

भूमि क्षरण क्षेत्र

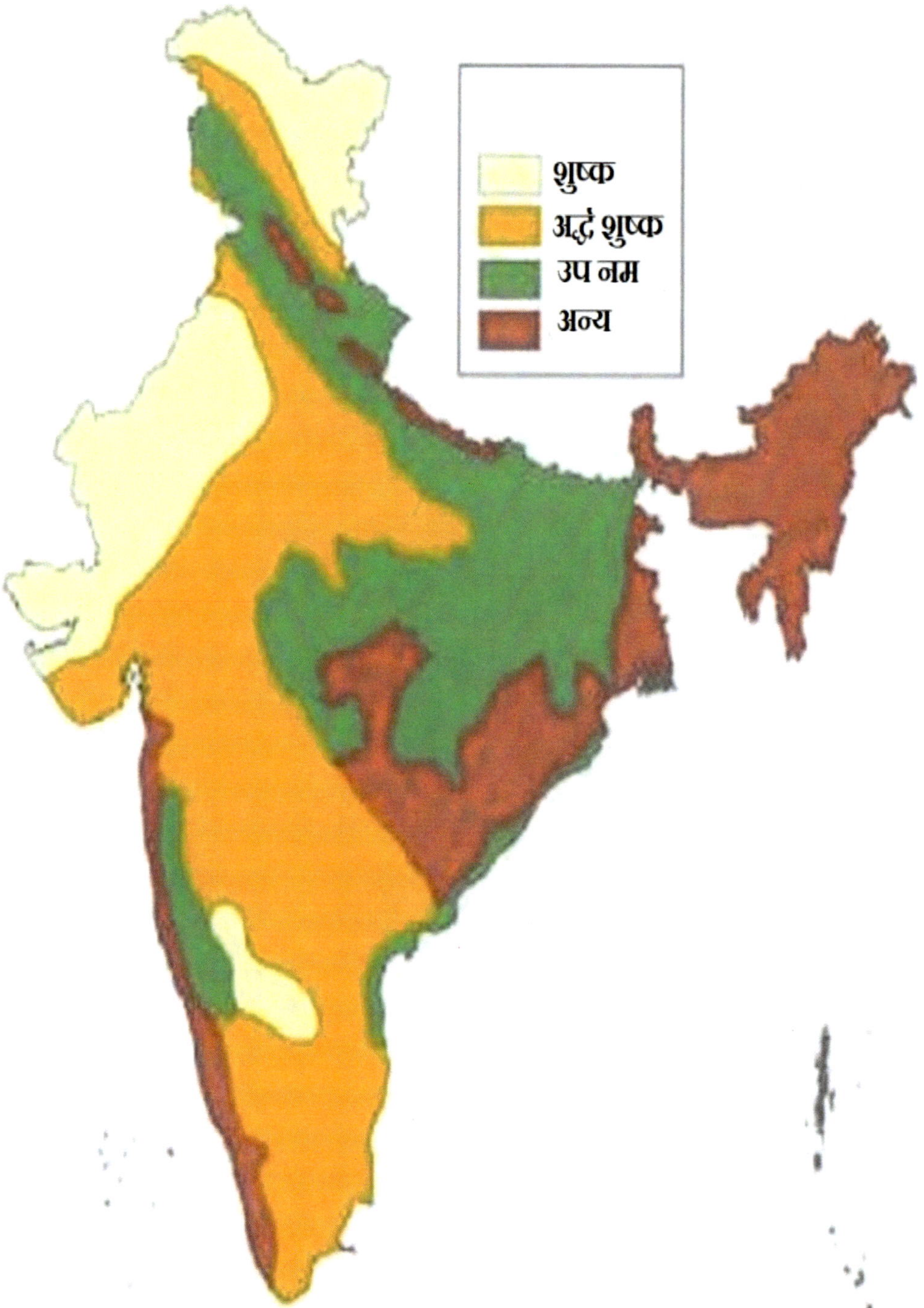

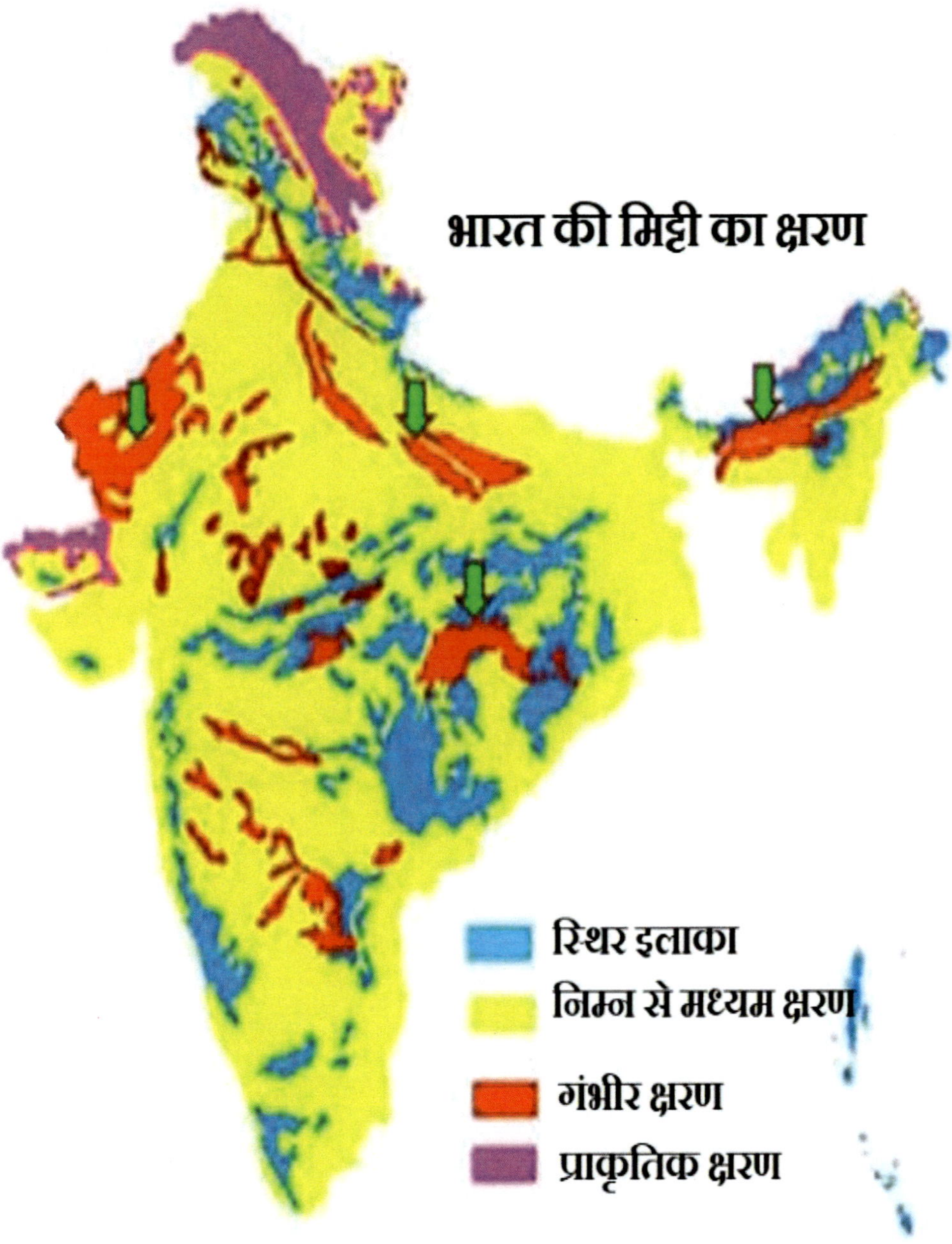
भारत की मिट्टी का क्षरण
स्थिर इलाका
निम्न से मध्यम क्षरण
गंभीर क्षरण
प्राकृतिक क्षरण

भारत में जल प्रदूषण

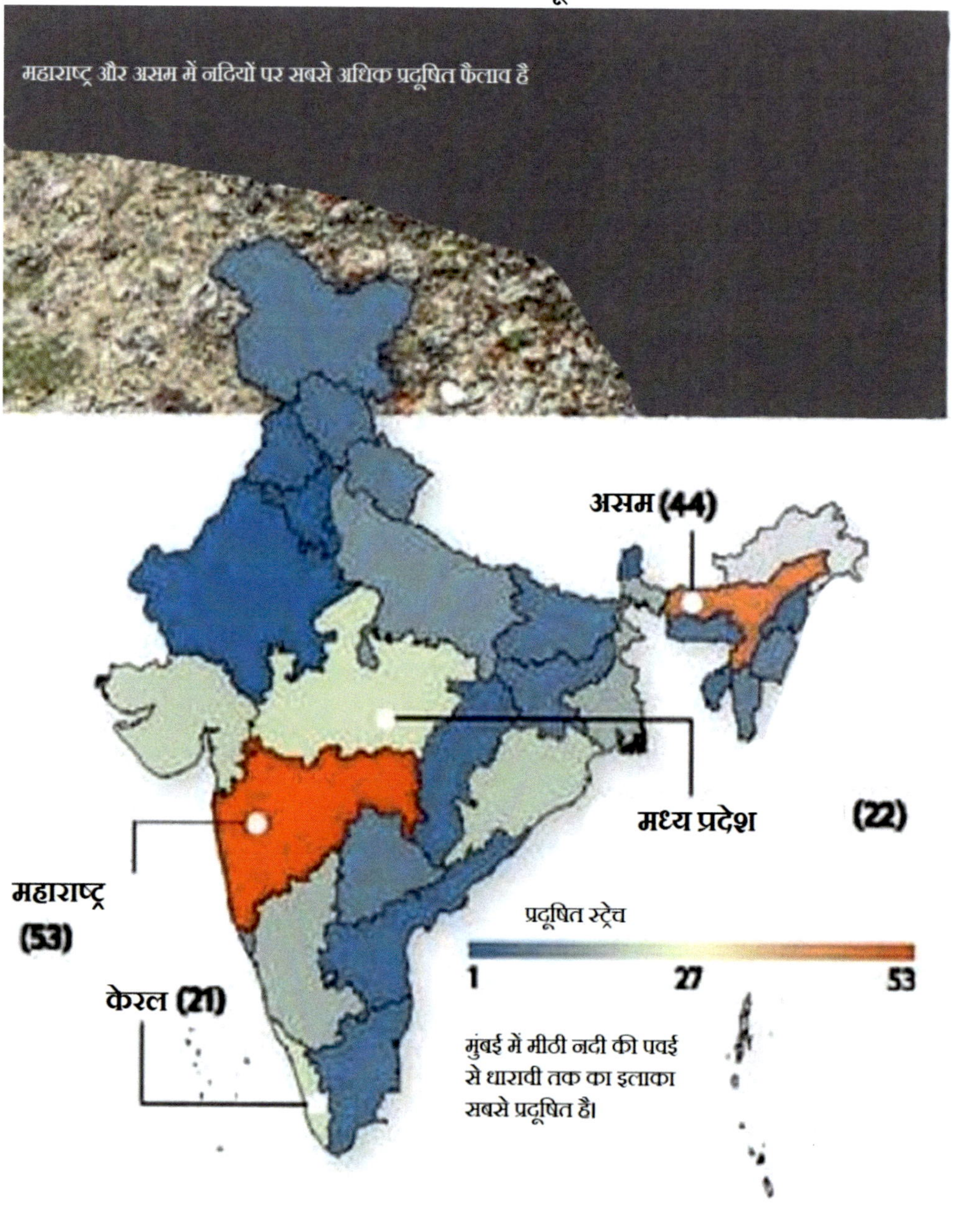

वनस्पति का जैव भौगोलिक क्षेत्र

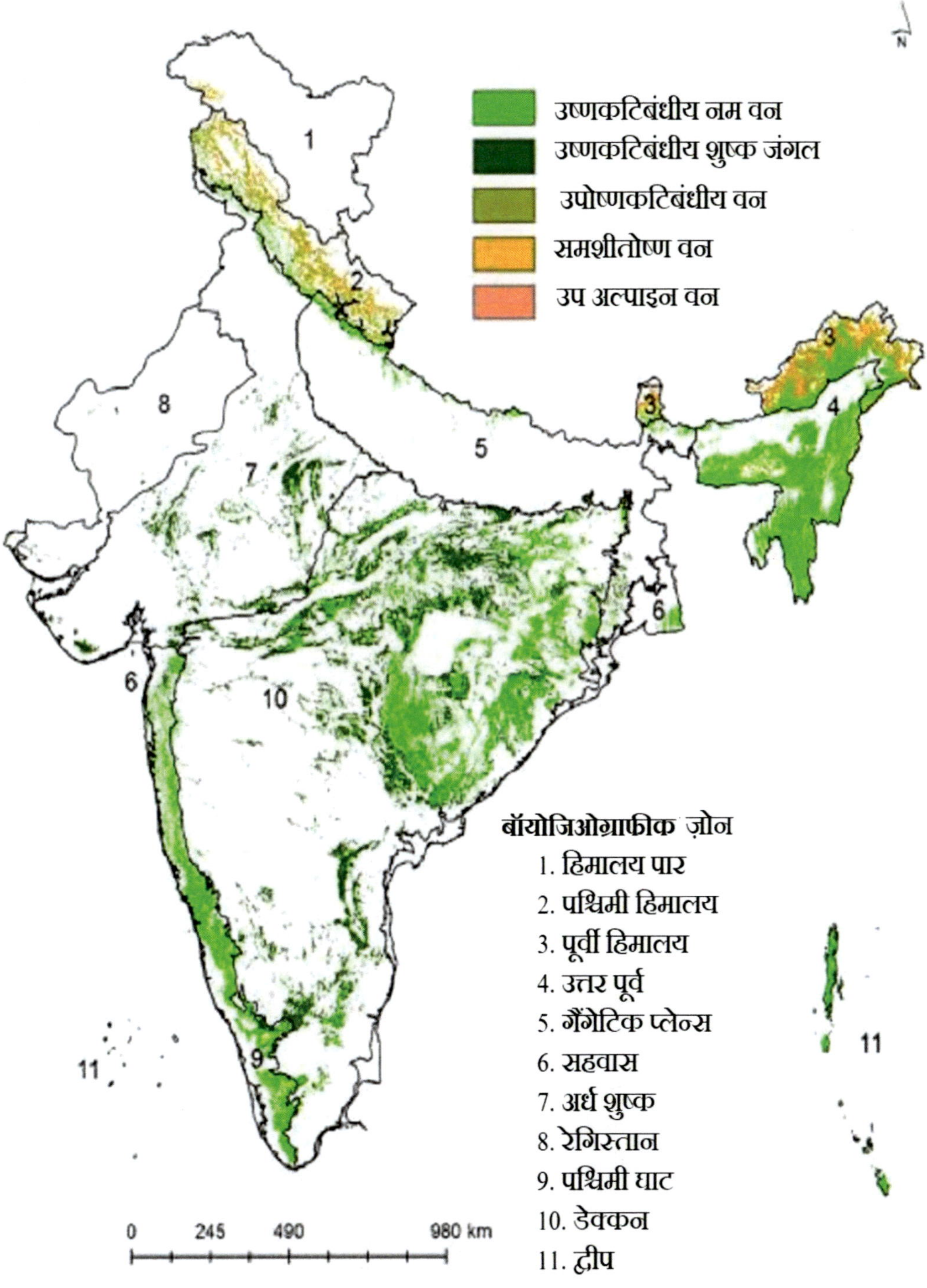

बायोस्फीयर रिज़र्व

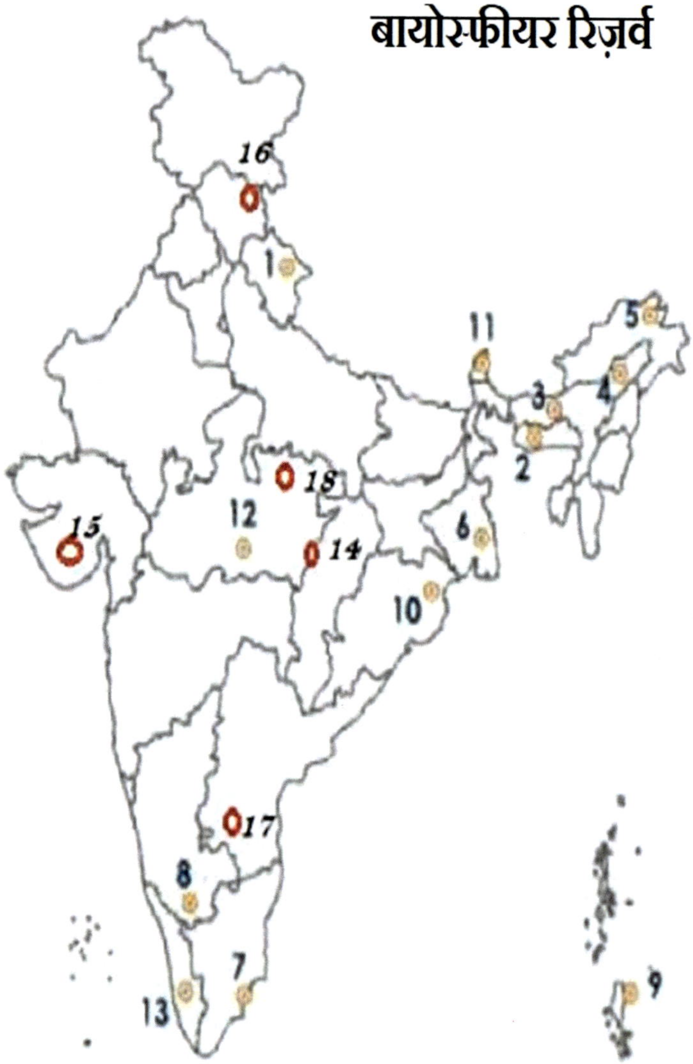

1. नंदा देवी
2. नोकरेक
3. मानस
4. डिब्रूगढ़
5. देहांग देबंग
6. सुंदरबन
7. मन्नार की खाड़ी
8. नीलगिरी
9. ग्रेट निकोबार
10. सिमलीपाल
11. खानघेंघड़ा
12. पंचमढ़ी
13. अगस्थ्यामालाई
14. अचांकमार-अमरकंटक
15. कच्छ
16. कोल्ड रेगिस्तान
17. शशचलम पहाड़ियों
18. पन्ना

वनस्पति

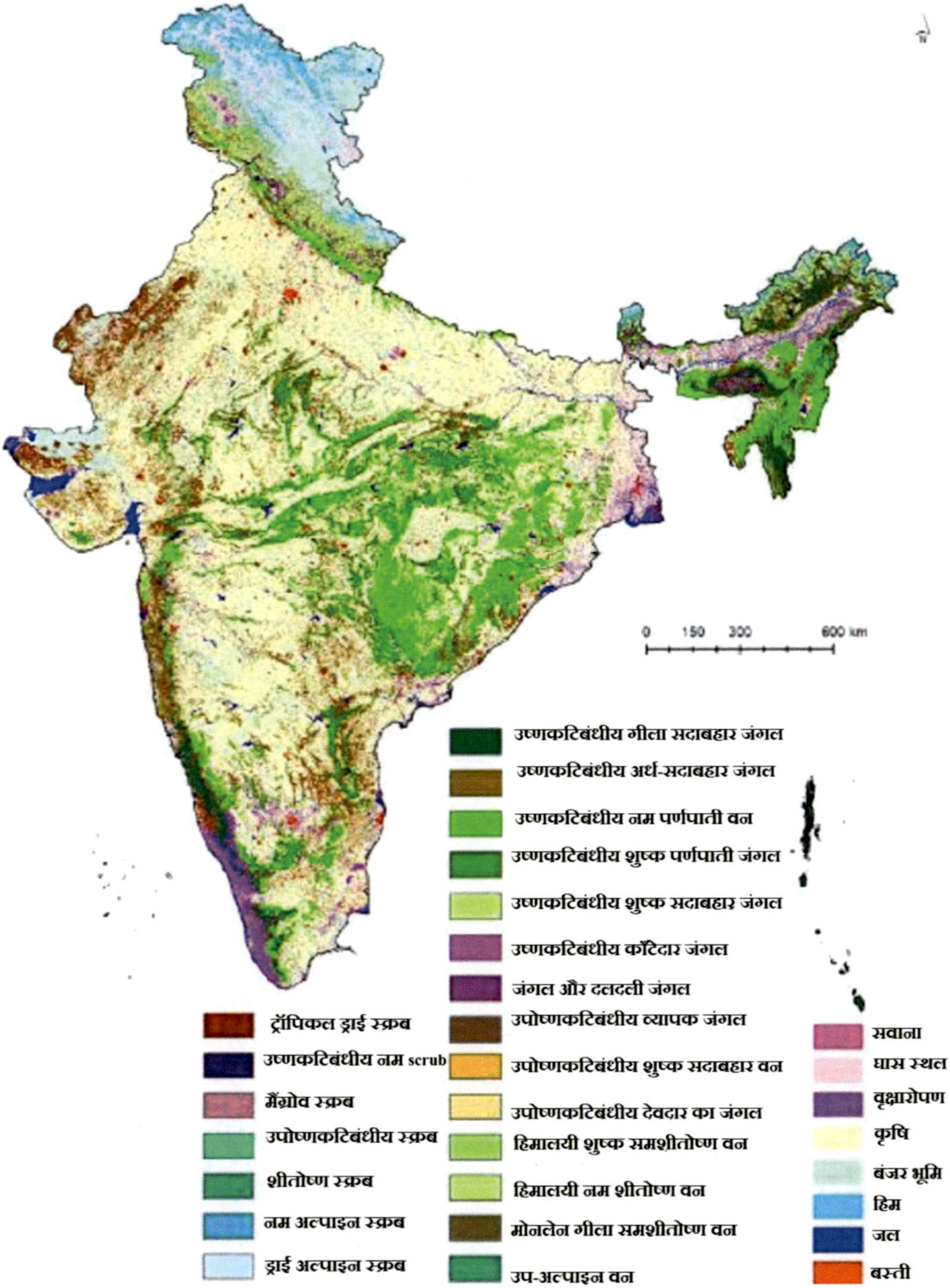
0 150 300 600 km
उष्णकटिबंधीय गीला सदाबहार जंगल
उष्णकटिबंधीय अर्ध-सदाबहार जंगल
उष्णकटिबंधीय नम पर्णपाती वन
उष्णकटिबंधीय शुष्क पर्णपाती जंगल
उष्णकटिबंधीय शुष्क सदाबहार जंगल
उष्णकटिबंधीय काँटेदार जंगल
जंगल और दलदली जंगल
ट्रॉपिकल ड्राई स्क्रब
उष्णकटिबंधीय नम scrub
मैंग्रोव स्क्रब
उपोष्णकटिबंधीय स्क्रब
शीतोष्ण स्क्रब
नम अल्पाइन स्क्रब
ड्राई अल्पाइन स्क्रब
उपोष्णकटिबंधीय व्यापक जंगल
उपोष्णकटिबंधीय शुष्क सदाबहार वन
उपोष्णकटिबंधीय देवदार का जंगल
हिमालयी शुष्क समशीतोष्ण वन
हिमालयी नम शीतोष्ण वन
मोनलेन गीला समशीतोष्ण वन
उप-अल्पाइन वन
सवाना
घास स्थल
वृक्षारोपण
कृषि
बंजर भूमि
हिम
जल
बस्ती

जैव विविधता हॉटस्पॉट

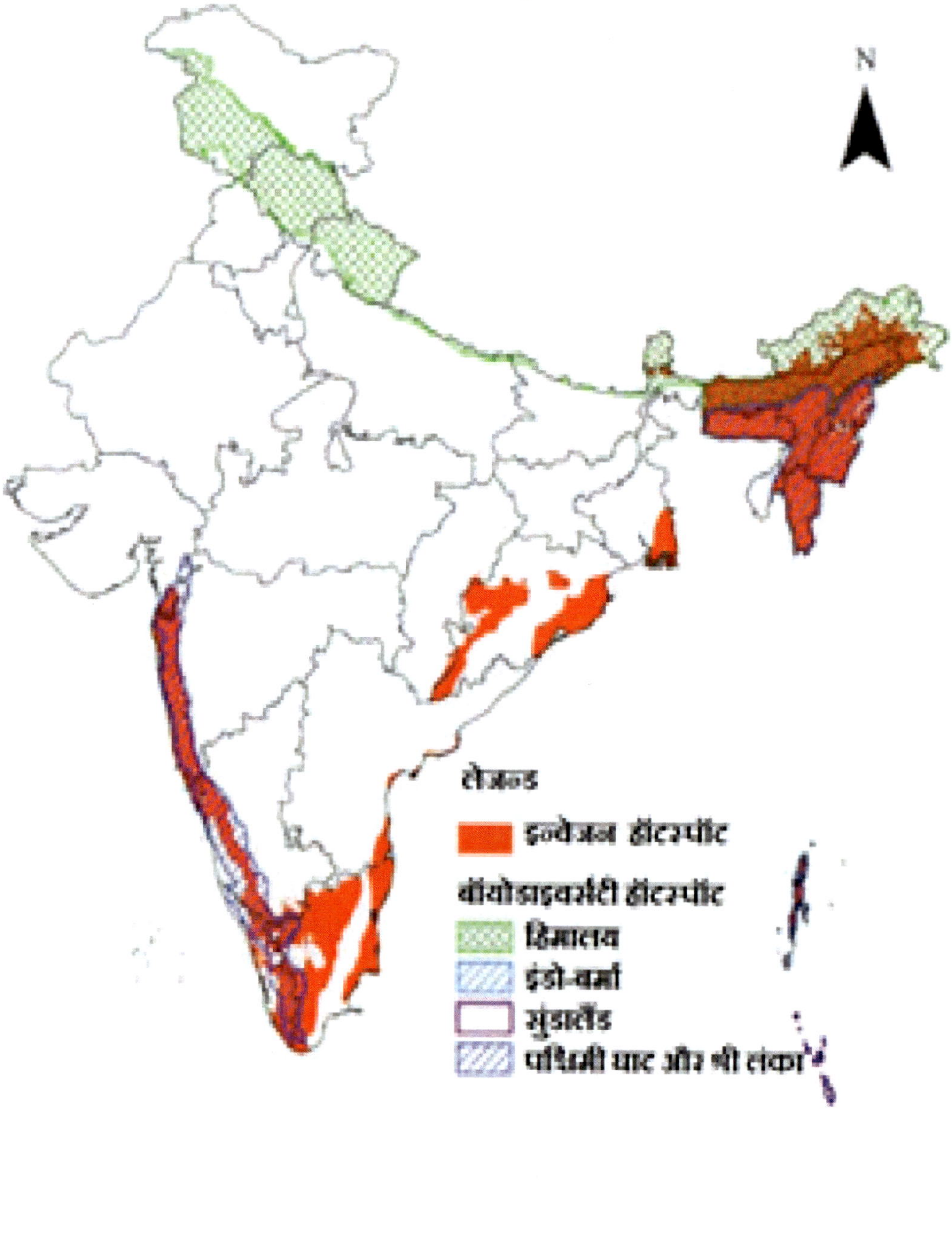

मुख्य एक्वीफर्स

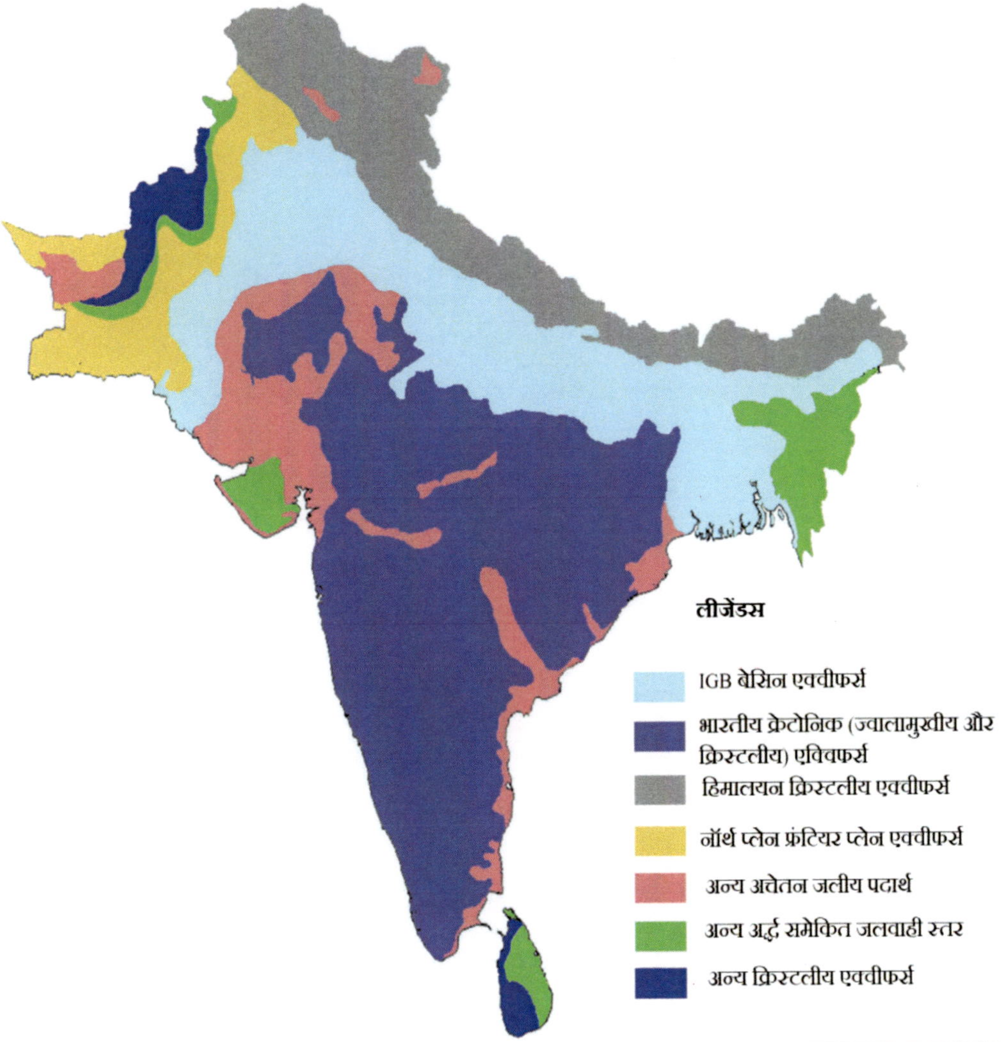
लीजेंडस
IGB बेसिन एक्वीफर्स
भारतीय क्रेटोनिक (ज्वालामुखीय और क्रिस्टलीय) एविवफर्स
हिमालयन क्रिस्टलीय एक्वीफर्स
नॉर्थ प्लेन फ्रंटियर प्लेन एक्वीफर्स
अन्य अचेतन जलीय पदार्थ
अन्य अर्द्ध समेकित जलवाही स्तर
अन्य क्रिस्टलीय एक्वीफर्स